中等职业学校公共基础课程配套教材

信息技术学习指导与练习

（基础模块）

（下册）

李华风　李　刚　张　莉◎主　编

郭　婉　梅　苹　刘　渊　黄志龙◎副主编

李广玲　胡和平　宋玲燕　周秋牛　曾　涛
　　　　　　　　　　　　　　　　　　　　　　◎参　编
刘　豆　马小艺　梁雯雯　钟子纯

U0225935

电子工业出版社

Publishing House of Electronics Industry

北京·BEIJING

内 容 简 介

本书基于《中等职业学校信息技术课程标准》基础模块第 4～8 单元的学习要求进行编写，内容紧密联系信息技术课程教学的实际，适当扩大学习视野，突出技能和动手能力训练，重视提升学科核心素养，符合中职学生认知规律和学习要求。

通过本书的学习，学生可以强化数据处理、程序设计、数字媒体技术、信息安全和人工智能的系统性知识，深入认识程序设计方法，了解人工智能和机器人应用，提升数据处理、数字媒体应用和信息安全保护能力。本书既是信息技术课堂教学的扩展，实训操作的延续，也是对学习成果的具体检验，相关学习与训练对强化学科核心素养有极大的帮助作用。

本书可作为中等职业学校各专业公共基础课《信息技术（基础模块）（下册）》教材的配套用书，也可作为强化信息技术应用的训练教材。

图书在版编目（CIP）数据

信息技术学习指导与练习：基础模块. 下册 / 李华风，李刚，张莉主编. -- 北京：电子工业出版社，2024. 6. -- ISBN 978-7-121-48085-0

Ⅰ. TP3

中国国家版本馆 CIP 数据核字第 2024J481X4 号

责任编辑：寻翠政
印　　刷：三河市兴达印务有限公司
装　　订：三河市兴达印务有限公司
出版发行：电子工业出版社
　　　　　北京市海淀区万寿路 173 信箱　邮编　100036
开　　本：880×1 230　1/16　印张：8.75　字数：201.6 千字
版　　次：2024 年 6 月第 1 版
印　　次：2025 年 1 月第 2 次印刷
定　　价：29.80 元

凡所购买电子工业出版社图书有缺损问题，请向购买书店调换。若书店售缺，请与本社发行部联系，联系及邮购电话：(010) 88254888，88258888。

质量投诉请发邮件至 zlts@phei.com.cn，盗版侵权举报请发邮件至 dbqq@phei.com.cn。

本书咨询联系方式：(010) 88254591，xcz@phei.com.cn。

前言

本书基于《中等职业学校信息技术课程标准》基础模块第4~8单元的学习要求进行编写，内容紧密联系信息技术课程教学的实际，适当扩大学生学习视野，突出技能和动手能力训练，重视提升学科核心素养，符合中职学生认知规律和学习要求。

通过本书的学习，学生可以强化数据处理、程序设计、数字媒体技术、信息安全和人工智能的系统性知识，深入认识程序设计方法，了解人工智能和机器人应用，提升数据处理、数字媒体应用和信息安全保护能力。本书既是信息技术课堂教学的扩展、实训操作的延续，也是对学习成果的具体检验，相关学习与训练对强化学科核心素养有极大的帮助作用。

本书的编写特色如下。

1．注重课程思政。本书将课程思政贯穿于训练全过程，以润物无声的方式引导学生树立正确的世界观、人生观和价值观。

2．贯穿核心素养。本书以建立系统的知识与技能体系、提高实际操作能力、培养学科核心素养为目标，强调动手能力和互动学习，以引起学生的共鸣，逐步增强信息意识、提升信息素养。

3．强化专业训练。本书紧贴信息技术课程标准的要求，编写知识和技能试题，经过有针对性的练习，让学生能在短时间内提升知识与技能水平，对于学时较少的非专业学生也有更强的适应性。

4．跟进最新知识。涉及信息技术的各种问题多与技术关联紧密，本书以最新的信息技术为内容，关注学生未来发展，符合社会应用要求。

5．关注学生发展。本书在内容编排上兼顾学生职业发展，将操作、理论和应用三者紧密结合，满足学生考证、升学的需要，提高学生学习兴趣，培养学生的独立思考能力及创新能力。

本书的习题答案（可登录华信教育资源网免费获取）仅给出答题参考，鼓励学生充分发挥主观能动性，积极探索扩展答题视角，从而得到有创意的答案。本书任务考核中的学业质量水平同样也是仅给出定性参考，定量标准可根据具体教学情况进行量化。学生在使用本书的过程中，可根据自身情况适当延伸内容，达到开阔视野、强化职业技能的目的。

书中难免存在不足之处，敬请读者批评指正。

编　者

第4章 数据处理

本章共分 4 个任务，任务 1 是数据采集及数据、表格格式化练习，帮助学生熟练掌握数据处理软件的基础知识和基本操作。任务 2 是数据处理软件的运算表达式、函数功能使用练习，帮助学生了解数据整理方法，掌握数据处理软件的高级应用。任务 3 是数据查询和分析方法的练习，帮助学生学会综合处理数据。任务 4 是大数据基础知识、大数据采集和分析方法练习，旨在帮助学生对目前正在兴起的新技术——大数据有全面的认知。

任务 1　采集数据

◆　知识、技能练习目标

1．能列举常用数据处理软件的功能和特点；

2．会在信息平台或文件中输入数据，会导入和引用外部数据，会利用工具软件收集、生成数据；

3．会进行数据的类型转换及格式化处理。

◆　核心素养目标

1．增强信息意识；

2．提高数字化学习能力；

3．强化信息社会责任。

◆　课程思政目标

1．遵纪守法，强化版权意识；

2．文明守信，弘扬优秀文化；

3．培育和践行社会主义核心价值观。

一、学习重点和难点

1．学习重点

（1）数据采集的基本方法；

（2）表格的格式设置。

2．学习难点

（1）表格的格式美化；

（2）设置条件格式。

二、学习案例

 案例 1：设置表格格式

老师让小华帮忙把本学期的"学生成绩表.xlsx"按照以下要求进行格式设置。

（1）在 Sheet1 工作表的 A1 单元格输入"学生成绩表"，设置其字体格式为蓝色、等线、加粗、20 号字，并设置其在 A1:H1 范围跨列居中；

（2）为 A2:H20 区域设置外部边框线为最粗实线，内部边框线为最细实线；

（3）设置第 1 行行高为 30，第 2 行至第 20 行行高为 25，并设置表格内数据（A2:H20 区域）水平对齐和垂直对齐方式均为居中；

（4）将 Sheet1 工作表重命名为"成绩表"。

小华使用 Excel 对表格进行设置。WPS 表格和 Excel 中"设置单元格格式"等格式化处理工具是美化表格和表格中数据的重要手段。

操作提示：

（1）打开"学生成绩表.xlsx"。

（2）将光标定位在 A1 单元格，调整输入法并输入"学生成绩表"。选中 A1:H1 单元格，依次单击"开始"→"对齐方式"→"合并后居中"按钮，结果如图 4-1-1 所示。

（3）选中该单元格，在"开始"选项卡"字体"功能组中，分别设置其字体格式为蓝色、等线、加粗、20 号字，如图 4-1-2 所示。

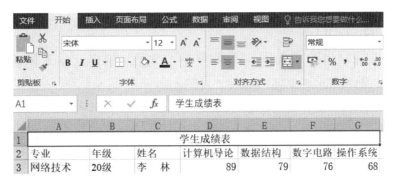

图 4-1-1　"合并后居中"效果

图 4-1-2　设置字体格式效果

（4）选中 A2:H20 区域单元格，依次单击"开始"→"单元格"→"格式"按钮，在下拉菜单中选择"设置单元格格式"命令，打开"设置单元格格式"对话框，如图 4-1-3 所示。

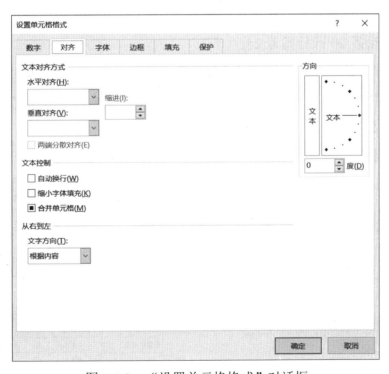

图 4-1-3　"设置单元格格式"对话框

（5）单击"边框"选项卡，在"样式"中选择最粗实线，"预置"中选择"外边框"；在"样式"中选择最细实线，"预置"中选择"内部"，如图 4-1-4 所示。单击"确定"按钮完成设置，结果如图 4-1-5 所示。

提示：对"外边框"设置完成后，不要单击"确定"按钮，应直接在"样式"中选择线条样式，再选择"内部"，最后单击"确定"按钮。

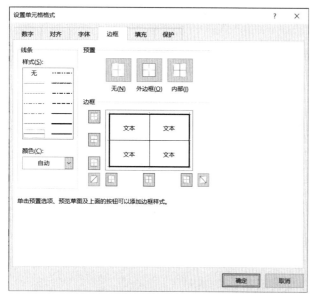

图 4-1-4　"边框"选项卡

学生成绩表							
专业	年级	姓名	计算机导论	数据结构	数字电路	操作系统	
网络技术	20级	李　林	89	79	76	68	
信息管理	20级	高新民	77	88	58	80	
网络技术	20级	张　彬	65	76	68	76	
计算机科学	20级	方茜茜	83	85	75	83	
信息管理	20级	刘　玲	78	90	82	89	
网络技术	20级	林海涛	85	66	91	64	
信息管理	20级	胡　茵	66	72	76	76	
信息管理	20级	赵倩倩	92	80	84	82	
计算机科学	20级	王惠珍	88	81	83	91	
网络技术	20级	高清芝	80	90	90	56	
信息管理	20级	林媛媛	79	77	67	87	
信息管理	20级	程东和	66	64	82	77	
计算机科学	20级	李大刚	82	58	66	69	
计算机科学	20级	朱　玲	64	73	78	56	
计算机科学	20级	魏　欣	76	80	80	90	
网络技术	20级	陈　晨	90	92	89	76	
网络技术	20级	王爱萍	76	80	64	80	
计算机科学	20级	叶　海	95	79	80	91	

图 4-1-5　边框设置结果

（6）选中第 1 行，依次单击"开始"→"单元格"→"格式"按钮，在下拉菜单中选择"行高"命令，在弹出的"行高"对话框中输入"30"，单击"确定"按钮完成设置。用同样的方法设置第 2 行至第 20 行行高为 25。

（7）选中 A2:H20 区域单元格，在"开始"选项卡"对齐方式"功能区中，分别单击"垂直居中"和"居中"按钮，将单元格水平对齐和垂直对齐方式设置为居中。

（8）在工作表左下方，右击"sheet1"，弹出如图 4-1-6 所示的快捷菜单，单击"重命名"按钮，输入"成绩表"即可完成重命名操作。结果如图 4-1-7 所示。

图 4-1-6　快捷菜单

图 4-1-7　表格格式设置完成

小华在深入思考以下问题：

（1）还可以设置单元格的哪些格式？

（2）有什么方法可以快速完成表格格式设置？

 案例 2：使用条件格式

老师为了便于统计成绩、表彰优秀学生，让小华把"学生成绩表"中成绩不低于 80 分的学生成绩以特殊格式（红色字体）显示出来。

WPS 表格和 Excel 提供了条件格式功能，条件格式功能可以对单元格应用某种条件来决定数据的显示格式，使用数据条、色阶和图标集，以突出显示单元格，强调异常值，以及实现数据的可视化效果。

操作提示：

（1）选择 D3:G20 单元格区域，依次单击"开始"→"样式"→"条件格式"→"新建规则"按钮，在弹出的"新建格式规则"对话框中，设置"选择规则类型"为"只为包含以下内容的单元格设置格式"；在"编辑规则说明"中，设置"单元格值""大于或等于""80"，如图 4-1-8 所示。

（2）单击"格式"按钮，在弹出的对话框中将字体颜色设置为"红色"，单击"确定"按钮返回"新建格式规则"对话框。单击"确定"按钮，结果如图 4-1-9 所示。

图 4-1-8　"新建格式规则"对话框　　　　图 4-1-9　"条件格式"设置完成

小华在深入思考以下问题：

（1）在强调异常值时，数据条与色阶在可视化效果方面有何不同？

（2）条件格式的功能是什么？

三、练习题

（一）选择题

1. Excel 和 WPS 表格属于（　　）。

    A．数据处理软件　　　　　　　B．播放软件

    C．硬件　　　　　　　　　　　D．操作系统

2. 退出 Excel 的快捷操作是按（　　）组合键。

    A．Alt+F4　　　　　　　　　　B．Ctrl+F4

    C．Shift+F4　　　　　　　　　D．Ctrl+Esc

3. Excel 文档的默认扩展名是（　　）。

    A．.docx　　　　　　　　　　　B．.pptx

    C．.xlsx　　　　　　　　　　　D．.txt

4. 在 Excel 使用过程中，可以按（　　）键获得系统帮助。

    A．Esc　　　　　　　　　　　B．Ctrl+F1

    C．F1　　　　　　　　　　　　D．F11

5. 下列概念中最小的单位是（　　）。

    A．单元格　　　　　　　　　　B．工作簿

    C．工作表　　　　　　　　　　D．文件

6. 在 Excel 工作表中，每个单元格都有唯一的编号地址，用（　　）表示。

    A．字母+数字　　　　　　　　B．文件名+行号

    C．文件名+单元号　　　　　　D．列号+行号

7. 一个 Excel 工作表中最大行号为（　　）。

    A．256　　　　　　　　　　　B．16384

    C．65536　　　　　　　　　　D．1048576

8. 如果想在单元格中输入某个产品型号"00123"，则应该先输入（　　）。

    A．=　　　　　　　　　　　　B．'

    C．"　　　　　　　　　　　　D．>

9. 按住（　　）键的同时拖动鼠标，可以实现单元格区域数据的复制。

    A．Ctrl　　　　　　　　　　　B．Tab

    C．Shift　　　　　　　　　　　D．Alt

10．在默认情况下，Excel 以小数点的形式显示所录入的非整数数据，如果希望显示小数格式，则需要先在单元格中输入（　　　　）。

A．Esc

B．'

C．0

D．'o'

（二）填空题

1．常用的数据处理软件有_____和_____。

2．WPS 表格和 Excel 适用于_____，Sql Server、SAS、SPSS、Tableau、R 常用于_____。

3．数据采集主要可以采取_____、_____和_____3 种方式进行。

4．WPS 表格在保存文件时，默认状态下扩展名为_____；Excel 在保存文件时，默认状态下扩展名为_____。

5．Excel 工作表中主要包括工具栏、_____、编辑栏、_____、状态栏等。

6．在 Excel 中双击单元格将进行_____操作。

7．在 Excel 中每个单元都有一个地址，分别由_____和_____组成，如 B4 表示_____列第_____行的单元格。

8．在 Excel 中数据编辑框中显示的 3 个工具按钮，✖表示_____，✔表示_____，𝑓ₓ表示_____。

9．WPS 表格和 Excel 可以通过_____选项卡的_____功能区中的多种方式一次性导入外部数据。

10．在输入"编号"等具有连续性的数据或有规律变化的数据时，可以利用软件提供的_____功能来实现快速输入。

（三）简答题

1．常见的数据处理应用场景有哪些？

2．启动 Excel 的方法有哪些？

3．数据采集的一般步骤是什么？

4．常用的数据处理软件有哪些？分别有什么功能和特点？

5．Excel 的软件主界面由哪几部分组成？

6．什么是单元格？

7．工作表和工作簿有什么区别？

8．选择连续的单元格区域的方法是什么？

9．选择不相连的单元格区域的方法是什么？

10．选择整个工作表的方法是什么？

（四）判断题

1．Excel 保存本地文件类型只能是.xlsx。 （　　）

2．WPS 表格不能编辑 Excel 文件内容。 （　　）

3．WPS 表格是 WPS office 套装中的一个组件，与 Excel 的应用领域和功能类似，除具备 Excel 的功能外，还具有自身的特点。 （　　）

4．Sql Server 可以作为数据存储的一种方式。 （　　）

5．Windows 系统中不能同时安装 WPS 表格和 Excel 两种工具。 （　　）

6．Excel 工作表中的单元格可以通过隐藏和显示进行数据的展示。 （　　）

7．Excel 中数据编辑有误时，可以通过撤销功能回到上一步操作。 （　　）

8．数据采集既可以使用人工录入数据，也可以通过外部导入数据和利用工具软件进行收集。 （　　）

9．Excel 专注数据处理，不能进行样式和颜色等设置。 （　　）

10．已经存储在表格中的数据，可以进行数据类型的转换。 （　　）

（五）操作题（写出操作要点，记录操作中遇到的问题和解决办法）

1．新建一个 Excel 文档，输入班级同学的基本信息，制作通信录，并以班级名称命名文件。基本信息包括 4 项，分别为序号、学号、姓名和联系方式。

2．信息输入完毕后，标识出女生和男生，女生用红色表示，男生用绿色表示。

3．在班级通信录中，将所有姓名和联系方式进行加粗显示，学号进行斜体显示。

4．对工作表进行美化，设置整张工作表的样式为白色。

5．班级通信录制作完成后，其中涉及个人隐私信息，尝试对文件进行加密处理。

四、任务考核

完成本任务学习后达到学业质量水平一的学业成就表现如下。

（1）能清晰列举常用的数据处理软件，并能说明其功能和特点。

（2）会合理选择数据处理软件。

（3）能熟练使用数据处理软件采集数据。

（4）会使用数据处理软件对数据和表格进行格式设置。

完成本任务学习后达到学业质量水平二的学业成就表现如下。

（1）能够对比不同的数据处理软件，说明选用数据处理软件的合理性。

（2）能够针对同一编辑操作，说明使用 WPS 表格和 Excel 的异同。

任务 2　加工数据

◆ **知识、技能练习目标**

1．了解数据处理的基础知识；

2．会使用函数、运算表达式等进行数据运算；

3．会对数据进行排序、筛选和分类汇总。

◆ **核心素养目标**

1．增强信息意识；

2．发展计算思维；

3．提高数字化学习能力。

◆　**课程思政目标**

1．强化规矩意识；

2．培育和践行社会主义核心价值观。

一、学习重点和难点

1．学习重点

（1）函数的使用；

（2）高级筛选的使用；

（3）分类汇总的方法。

2．学习难点

（1）函数的使用；

（2）分类汇总的方法。

二、学习案例

案例 1：函数的使用

小华基本了解 Excel 中各种函数的功能，知道使用函数可以对数据进行各种快速、便捷地计算和统计，并且可以在不同工作表之间引用数据。

他决定利用列查询函数"VLOOKUP"，在已有的"学号与姓名"对照表中，完成全班同学"期末成绩表"中姓名的自动填充；对全班同学的成绩，利用函数计算平均分和总成绩，并依据总成绩计算每名学生的排名。

操作提示：

（1）打开"期末成绩表"文件，将"学号与姓名"工作表置于同一工作簿中，如图 4-2-1 所示。

（2）单击选择 B3 单元格，依次单击"公式"→"函数库"→"插入函数"按钮，弹出"插入函数"对话框，如图 4-2-2 所示。找到并双击"VLOOKUP"函数，弹出"函数参数"对话框，如图 4-2-3 所示。

A	B	C	D	E	F	G	H	I	J	K	L
1	期末成绩表										
2	学号	姓名	班级	语文	数学	英语	生物	地理	历史	政治	总分	平均分
3	305		3班	91.5	89	94	92	91	86	86		
4	101		3班	97.5	106	108	98	99	99	96		
5	203		3班	93	99	92	86	86	73	92		
6	104		3班	102	116	113	78	88	86	74		
7	301		3班	99	98	101	95	91	95	78		
8	306		3班	101	94	99	90	87	95	93		
9	206		3班	100.5	103	104	88	89	78	90		
10	302		3班	78	95	94	82	90	93	84		
11	204		3班	95.5	92	96	84	95	91	92		
12	201		3班	94.5	107	96	100	93	92	93		
13	304		3班	95	97	102	93	95	92	88		
14	103		3班	95	85	99	98	92	92	88		
15	105		3班	88	98	101	89	73	95	91		
16	202		3班	86	107	89	88	92	88	89		
17	205		3班	103.5	105	105	93	93	90	86		
18	102		3班	110	95	98	99	93	93	92		
19	303		3班	85.5	100	97	87	78	89	93		
20	106		3班	90	111	116	75	95	93	95		
21												

图 4-2-1 "期末成绩表"样表

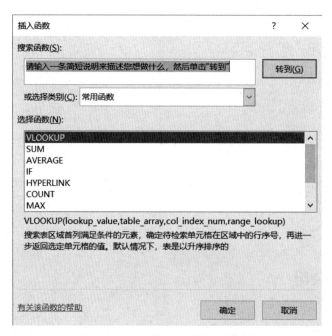

图 4-2-2 "插入函数"对话框

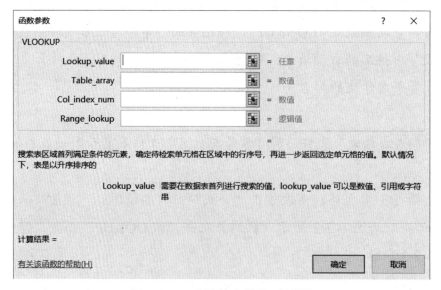

图 4-2-3 "函数参数"对话框

（3）在 "Lookup_value" 文本框右侧单击折叠按钮，返回 "期末成绩表" 工作表，单击 A3 单元格（要进行搜索的值），结果如图 4-2-4 所示。

函数参数	?	×
A3		

图 4-2-4 选择在搜索区域进行搜索的值

（4）在 "函数参数" 对话框中单击展开按钮。以同样的方法在 "Table_array" 文本框选择 "学号与姓名" 工作表的 A2:C20 区域，如图 4-2-5 所示，作为搜索区域；并修改该地址为绝对地址，如图 4-2-6 所示。

	A	B	C	D	E
1	学号对照				
2	学号	姓名	班级		
3	101	包宏伟	3班		
4	102	符合	3班		
5	103	李娜娜	3班		
6	104	刘康锋	3班		
7	105	张桂花	3班		
8	106	谢如康	3班		
9	201	杜学江	3班		
10	202	陈万地	3班		
11	203	吉祥	3班		
12	204	苏解放	3班		
13	205	倪冬声	3班		
14	206	闫朝霞	3班		
15	301	刘鹏举	3班		
16	302	孙玉敏	3班		
17	303	曾令煊	3班		
18	304	李北大	3班		
19	305	王清华	3班		
20	306	齐飞扬	3班		
21					
22					

期末成绩表　学号与姓名

图 4-2-5 选择搜索区域

函数参数	?	×
学号与姓名!$A$2:$C$20		

图 4-2-6 修改为绝对地址

提示：在使用 VLOOKUP 函数时，要进行搜索的值一定要在搜索区域的第一列；"学号与姓名!A2:C20" 中，"学号与姓名" 表示引用另一个工作表，"A2:C20" 表示该表的区域，中间以 "!" 间隔；"$A$2:$C$20" 为绝对地址，使用 F4 快捷键可便捷输入。

（5）在 "Col_index_num" 文本框中输入 "2"，该值表示满足条件的单元格，即与 A3 单元格内容 "305" 匹配的数据在搜索区域的第 2 列。

（6）在 "Range_lookup" 文本框中输入 "false"，表示大致匹配，单击 "确定" 按钮，完成查询，结果如图 4-2-7 所示。

图 4-2-7　查询完成

（7）单击选择 B3 单元格，将光标置于其右下角，光标状态变为实心十字形，按下鼠标左键不松，向下拖动至 B20 单元格，自动填充完成。结果如图 4-2-8 所示。

图 4-2-8　自动填充完成

（8）单击选择 K3 单元格，输入函数"=SUM(D3:J3)"，然后按"Enter"键；单击选择 K3 单元格，向下拖动填充句柄至 K20 单元格，即可求出所有学生的总分。

（9）单击选择 L3 单元格，输入函数"=AVERAGE(D3:J3)"，然后按"Enter"键；单击选择 L3 单元格，向下拖动填充句柄至 L20 单元格，即可求出每个学生的平均分。

（10）在 M2 单元格输入"排名"，单击选择 M3 单元格，输入函数"=RANK(K3,$K$3:$K$20)"，然后按"Enter"键；单击选择 M3 单元格，向下拖动填充句柄至 M20 单元格，即可求出每个学生的总分排名。最终结果如图 4-2-9 所示。

	期末成绩表											
学号	姓名	班级	语文	数学	英语	生物	地理	历史	政治	总分	平均分	排名
305	王清华	3班	91.5	89	94	92	91	86	86	629.5	89.92857143	15
101	包宏伟	3班	97.5	106	108	98	99	99	96	703.5	100.5	1
203	吉祥	3班	93	99	92	86	86	73	92	621	88.71428571	17
104	刘康锋	3班	102	116	113	78	88	86	74	657	93.85714286	8
301	刘鹏举	3班	99	98	101	95	91	95	78	657	93.85714286	8
306	齐飞扬	3班	101	94	99	90	87	95	93	659	94.14285714	7
206	闫朝霞	3班	100.5	103	104	88	89	78	90	652.5	93.21428571	10
302	孙玉敏	3班	78	95	94	82	90	93	84	616	88	18
204	苏解放	3班	95.5	92	96	84	95	91	92	645.5	92.21428571	12
201	杜学江	3班	94.5	107	96	100	93	92	93	675.5	96.5	3
304	李北大	3班	95	97	102	93	95	92	88	662	94.57142857	6
103	李娜娜	3班	95	85	99	98	92	92	88	649	92.71428571	11
105	张桂花	3班	88	98	101	89	73	95	91	635	90.71428571	14
202	陈万地	3班	86	107	89	88	92	88	89	639	91.28571429	13
205	倪冬声	3班	103.5	105	105	93	93	90	86	675.5	96.5	3
102	符合	3班	110	95	98	99	93	93	92	680	97.14285714	2
303	曾令煊	3班	85.5	100	97	87	78	89	93	629.5	89.92857143	15
106	谢如康	3班	90	111	116	75	95	93	95	675	96.42857143	5

期末成绩表　　学号与姓名

图 4-2-9　使用函数对学生成绩计算统计的结果

提示：在使用 RANK 函数时，要根据具体情况使用绝对地址；函数的参数可以在函数参数对话框中，使用鼠标单击选择的方式进行输入，也可以在单元格中直接输入。

案例 2：分类汇总的使用

为了比较同一年级不同班级学生的成绩情况，需要在年级成绩总表中，对每个班级每门学科的平均成绩进行比较。小华决定使用分类汇总功能完成这一工作。

操作提示：

（1）打开"期末成绩汇总表"文件，如图 4-2-10 所示。

	期末成绩汇总表								
学号	姓名	班级	语文	数学	英语	生物	地理	历史	政治
305	王清华	3班	91.5	89	94	92	91	86	86
101	包宏伟	1班	97.5	106	108	98	99	99	96
203	吉祥	2班	93	99	92	86	86	73	92
104	刘康锋	1班	102	116	113	78	88	86	74
301	刘鹏举	3班	99	98	101	95	91	95	78
306	齐飞扬	3班	101	94	99	90	87	95	93
206	闫朝霞	2班	100.5	103	104	88	89	78	90
302	孙玉敏	3班	78	95	94	82	90	93	84
204	苏解放	2班	95.5	92	96	84	95	91	92
201	杜学江	2班	94.5	107	96	100	93	92	93
304	李北大	3班	95	97	102	93	95	92	88
103	李娜娜	1班	95	85	99	98	92	92	88
105	张桂花	1班	88	98	101	89	73	95	91
202	陈万地	2班	86	107	89	88	92	88	89
205	倪冬声	2班	103.5	105	105	93	93	90	86
102	符合	1班	110	95	98	99	93	93	92
303	曾令煊	3班	85.5	100	97	87	78	89	93
106	谢如康	1班	90	111	116	75	95	93	95

成绩分类汇总

图 4-2-10　期末成绩汇总表

（2）选择 A2:J20 区域，依次单击"数据"→"排序和筛选"→"排序"按钮，弹出"排序"对话框，以"主关键字"为"班级"、"排序依据"为"数值"、"次序"为"升序"进行排序，如图 4-2-11 所示。单击"确定"按钮，完成排序，结果如图 4-2-12 所示。

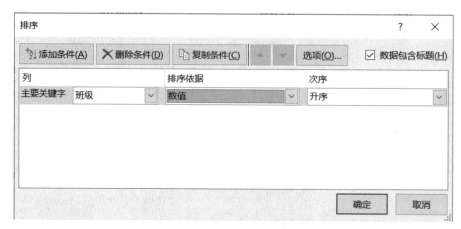

图 4-2-11　"排序"对话框

1					期末成绩汇总表					
2	学号	姓名	班级	语文	数学	英语	生物	地理	历史	政治
3	101	包宏伟	1班	97.5	106	108	98	99	99	96
4	104	刘康锋	1班	102	116	113	78	88	86	74
5	103	李娜娜	1班	95	85	99	98	92	92	88
6	105	张桂花	1班	88	98	101	89	73	95	91
7	102	符合	1班	110	95	98	99	93	93	92
8	106	谢如康	1班	90	111	116	75	95	93	95
9	203	吉祥	2班	93	99	92	86	86	73	92
10	206	闫朝霞	2班	100.5	103	104	88	89	78	90
11	204	苏解放	2班	95.5	92	96	84	95	91	92
12	201	杜学江	2班	94.5	107	96	100	93	92	93
13	202	陈万地	2班	86	107	89	88	92	88	89
14	205	倪冬声	2班	103.5	105	105	93	93	90	86
15	305	王清华	3班	91.5	89	94	92	91	86	86
16	301	刘鹏举	3班	99	98	101	95	91	95	78
17	306	齐飞扬	3班	101	94	99	90	87	95	93
18	302	孙玉敏	3班	78	95	94	82	90	93	84
19	304	李北大	3班	95	97	102	93	95	92	88
20	303	曾令煊	3班	85.5	100	97	87	78	89	93
21										

成绩分类汇总

图 4-2-12　排序结果

（3）选择 A2:J20 区域，依次单击"数据"→"分级显示"→"分类汇总"按钮，弹出"分类汇总"对话框，如图 4-2-13 所示。

（4）在"分类汇总"对话框中，以"分类字段"为"班级"、"汇总方式"为"平均值"、"选定汇总项"为表中所有学科进行汇总。单击"确定"按钮，分类汇总结果如图 4-2-14 所示。

图 4-2-13　"分类汇总"对话框

1 2 3		A	B	C	D	E	F	G	H	I	J
	1				期末成绩汇总表						
	2	学号	姓名	班级	语文	数学	英语	生物	地理	历史	政治
	3	101	包宏伟	1班	97.5	106	108	98	99	99	96
	4	104	刘康锋	1班	102	116	113	78	88	86	74
	5	103	李娜娜	1班	95	85	99	98	92	92	88
	6	105	张桂花	1班	88	98	101	89	73	95	91
	7	102	符合	1班	110	95	98	99	93	93	92
	8	106	谢如康	1班	90	111	116	75	95	93	95
	9			1班 平均值	97.0833	101.833	105.833	89.5	90	93	89.3333
	10	203	吉祥	2班	93	99	92	86	86	73	92
	11	206	闫朝霞	2班	100.5	103	104	88	89	78	90
	12	204	苏解放	2班	95.5	92	96	84	95	91	92
	13	201	杜学江	2班	94.5	107	96	100	93	92	93
	14	202	陈万地	2班	86	107	89	88	92	88	89
	15	205	倪冬声	2班	103.5	105	105	93	93	90	86
	16			2班 平均值	95.5	102.167	97	89.8333	91.3333	85.3333	90.3333
	17	305	王清华	3班	91.5	89	94	92	91	86	86
	18	301	刘鹏举	3班	99	98	101	95	91	95	78
	19	306	齐飞扬	3班	101	94	99	90	87	95	93
	20	302	孙玉敏	3班	78	95	94	82	90	93	84
	21	304	李北大	3班	95	97	102	93	95	92	88
	22	303	曾令煊	3班	85.5	100	97	87	78	89	93
	23			3班 平均值	91.6667	95.5	97.8333	89.8333	88.6667	91.6667	87
	24			总计平均值	94.75	99.8333	100.222	89.7222	90	90	88.8889

成绩分类汇总

图 4-2-14　分类汇总结果

提示：在执行"分类汇总"操作前，一定要按"分类字段"为主要关键字对数据清单进行排序；若要取消分类汇总状态，依次单击"数据"→"分级显示"→"分类汇总"按钮，弹出"分类汇总"对话框，单击对话框中的"全部删除"按钮，数据清单便恢复到分类汇总前的状态。

三、练习题

（一）选择题

1. Excel 中实现文本连接的运算符为（　　）。

    A. <>　　　　　　B. &　　　　　　C. %　　　　　　D. *

2. Excel 中 SUM 函数实现的功能为（　　　）。

    A．计算参数中的最大值　　　　　B．计算参数中的最小值

    C．计算参数的和　　　　　　　　D．计算参数的平均值

3. Excel 中单元格地址使用绝对地址引用符号为（　　　）。

    A．$　　　　　B．#　　　　　C．&　　　　　D．@

4. Excel 中显示表格中符合某个条件要求的记录，采用（　　　）命令。

    A．有效性　　　B．筛选　　　C．排序　　　D．条件格式

5. Excel 中统计普遍出现的数值，可使用（　　　）函数。

    A．COUNT　　B．SUM　　　C．MODE　　　D．ROUND

6. Excel 中单元格 A2 为 0，B3 为 15，计算 C6=B3/A2，结果为（　　　）。

    A．0　　　　　　　　　　　　　B．#VALUE!

    C．15　　　　　　　　　　　　　D．无法显示

7. 计算某一数值相对的排位，可以使用（　　　）函数。

    A．MODE　　　　　　　　　　　B．RANK

    C．COUNT　　　　　　　　　　　D．ROUND

8. 将数值小数点四舍五入的函数为（　　　）。

    A．SUMIF　　　　　　　　　　　B．COUNT

    C．ROUND　　　　　　　　　　　D．RANK

9. 对指定区域中符合指定条件的单元进行计数的函数为（　　　）。

    A．COUNT　　　　　　　　　　　B．IF

    C．COUNTIF　　　　　　　　　　D．SUMIF

10. 在执行"分类汇总"前，需要以"分类字段"为主要关键字对数据清单进行（　　　）。

    A．排序　　　　　　　　　　　　B．合并

    C．分类　　　　　　　　　　　　D．存储

（二）填空题

1. WPS 表格和 Excel 具有数据运算功能，包括对数据进行整理、_____、汇总、_____和分析等。

2. 在完成一个单元格的计算后，可以拖动_____，以完成相似或相邻单元格的计算。

3. 构成运算表达式的数据项有常数、_____、_____。

4. 运算符主要包含算术运算符、_____、文本运算符和_____等。

5. 比较运算符主要有等于、大于、_____、大于等于、_____、不等于。

6．引用运算符中的"："，是两个_____之间的区域引用。

7．在 WPS 表格和 Excel 中，_____是一种预置的运算表达式。

8．函数由三部分组成，分别为_____、参数和返回值。

9．MIN 函数可以计算一组数值中的_____。

10．对 WPS 表格进行操作的过程中，可以按多个_____进行排序。

（三）简答题

1．WPS 表格和 Excel 中运算表达式都有哪些分类？

2．WPS 表格和 Excel 中运算表达式一般在什么场景下使用？

3．WPS 表格和 Excel 中常用函数都有哪些分类？

4．Excel 中的 IF 函数是如何进行复杂判断的？

5．WPS 表格和 Excel 中，除自带的函数外，可以自己编写函数吗？

6．WPS 表格和 Excel 中，如何对数据进行排序？

7．WPS 表格和 Excel 中，如何对数据进行自动筛选？

8．WPS 表格和 Excel 中，分类汇总功能一般使用在哪些地方？

9．WPS 表格和 Excel 在进行高级筛选时，条件存放的位置有什么区别？

10．简述分类汇总的操作步骤。

（四）判断题

1．在 Excel 中，使用"填充句柄"一定会得出正确结果。 （　　）

2．WPS 表格和 Excel 中运算表达式一律以"="开头。 （　　）

3．在 Excel 中，"≠"是不等于运算符。 （　　）

4．在 Excel 中，"x"是乘法运算符。 （　　）

5．"$D$12"是相对地址。 （　　）

6．数据排序时，包括升序和降序。 （　　）

7．使用函数的目的是简化和缩短工作表中的运算表达式。 （　　）

8．MODE 函数的作用是计算所有参数所代表数值的算术平均值。 （　　）

9．进行高级筛选操作时，条件之间是"与"关系的，放在不同行上。 （　　）

10．WPS 表格和 Excel 都可以使用运算表达式和函数灵活地进行数据整理和计算。

（　　）

（五）操作题（写出操作要点，记录操作中遇到的问题和解决办法）

1．制作本班级的"计算机应用成绩表"，使用函数计算每位同学的"总成绩"。

2．使用运算表达式计算每位同学的"考试成绩所占百分比"。

3．以总成绩为依据，使用函数计算每位同学的"名次"。

4．筛选出"考试成绩所占百分比"大于 80% 的学生。

5．对同一年级不同专业学生的成绩情况，在成绩表中对每个专业各项成绩的平均分进行分类汇总。

四、任务考核

完成本任务学习后达到学业质量水平一的学业成就表现如下。

（1）能区分不同运算符的含义及使用场景。

（2）会使用函数等运算表达式进行简单的运算。

（3）会使用排序、筛选等功能对数据进行查询。

完成本任务学习后达到学业质量水平二的学业成就表现如下。

（1）会使用函数等运算表达式进行复杂的运算。

（2）会使用高级筛选、分类汇总等功能对数据进行查询。

任务3 分析数据

◆ **知识、技能练习目标**

1. 能根据需求对数据进行简单分析；
2. 会应用可视化工具分析数据并制作简单的数据图表。

◆ **核心素养目标**

1. 增强信息意识；
2. 发展计算思维；
3. 提高数字化学习与创新能力。

◆ **课程思政目标**

1. 爱岗敬业，强化职业道德；
2. 努力学习，大力弘扬工匠精神。

一、学习重点和难点

1. 学习重点
（1）制作数据图表；
（2）对数据图表进行编辑。
2. 学习难点
（1）数据图表的编辑；
（2）可视化数据分析。

二、学习案例

案例1：制作二维簇状柱形图并添加图表元素

  小华发现制作的"期末成绩表"中，成绩都是用数字显示的，缺乏直观性。为了增强成绩表的直观可读性，了解一些从数字无法直观看出的趋势和情况，同时提高阅读者的兴趣，可以向表格中添加图表。在 Excel 中，图表有柱形图、条形图、折线图、面积图、饼图、环形图、散点图等多种类型。本例选用"期末成绩表"中的姓名及成绩等数据，生成二维簇状柱形图，并在生成的图表中添加相关元素，进一步对图表进行美化。

操作提示：

（1）打开"期末成绩表"文件。

（2）选中"姓名""语文""数学""英语"及"总分"所在列的数据区域，确定图表所需的数据源。

（3）依次单击"插入"→"图表"→"插入柱形图或条形图"按钮，在打开的下拉列表"二维柱形图"区域中单击"簇状柱形图"，即可生成图表，如图4-3-1所示。

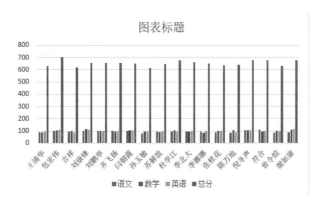

图4-3-1 二维簇状柱形图

（4）鼠标左键双击"图表标题"，将其内容修改为"成绩分析图"。

提示：如生成的图表中没有"图表标题"，可选中图表，依次单击"图表工具/设计"→"图表布局"→"添加图表元素"→"图表标题"→"图表上方"命令，使图表区上方出现"图表标题"字样。

（5）选中图表，依次单击"图表工具/设计"→"图表布局"→"添加图表元素"→"轴标题"→"主要横坐标轴"命令，为图表添加横坐标轴标题并修改其内容为"姓名"。以同样的方法添加纵坐标轴并修改其内容为"成绩"。结果如图4-3-2所示。

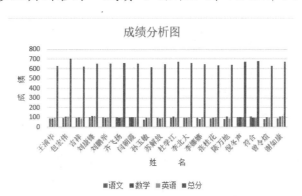

图4-3-2 添加图表元素

提示：对添加的图表元素，可以对其形状样式、字体、字号等格式进行修改。

小华在深入思考以下问题：

（1）对图表中哪些元素进行格式设置，才能使图表外观更美观？

（2）图表中横轴和纵轴的内容可以互换吗？

 案例2：合并计算

"请假明细表"中有学生二季度每个月的请假情况，老师让小华统计一下二季度学生请假的总次数。为了便于计算，可以使用"合并计算"功能。该功能可以快速帮助小华将"请假明细表"中的数据按照姓名进行匹配，对相同姓名的相关数据进行求和运算。合并计算对数据汇总的方式除了求和，还有计数、平均值、最大值、最小值等。

操作提示：

（1）打开"请假明细表"文件。

（2）先选择一个空白单元格，然后依次单击"数据"→"数据工具"→"合并计算"按钮，打开如图4-3-3所示的"合并计算"对话框。

图4-3-3 "合并计算"对话框

（3）在"函数"下拉列表中选择"求和"选项，然后单击"引用位置"文本框右侧的范围选择按钮，进入"合并计算—引用位置"状态，用鼠标拖选表格区域B2:C16，选定之后单击"折叠对话框"按钮返回，如图4-3-4所示。

图4-3-4 选择引用位置

（4）单击"添加"按钮，即可将所选区域添加到"所有引用位置"列表框中，如图 4-3-5 所示。

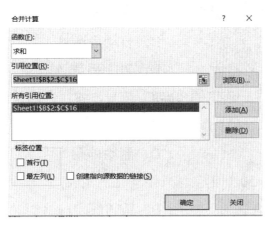

图 4-3-5　添加引用位置

说明：用同样的方法，可选择并添加其他多个引用位置。添加多个引用位置时，若发现添加错误，可选择相应的引用位置，然后单击"删除"按钮进行删除。

（5）勾选"首行"与"最左列"复选项，然后单击"确定"按钮即可设置"标签位置"。合并计算结果如图 4-3-6 所示，在左上角输入"姓名"。

二季度请假明细表					姓名	请假次数
月份	姓名	请假次数				
4	黄天羽	1			黄天羽	1
4	刘润鑫	2			刘润鑫	4
4	曹忠钰	1			曹忠钰	1
5	张飞	2			张飞	3
5	王霖浩	1			王霖浩	1
5	刘润鑫	1			赵圳宇	1
5	赵圳宇	1			王晨	2
5	王晨	2			李逸坤	1
5	李逸坤	1			孙康乐	1
6	孙康乐	1			张鑫	2
6	刘润鑫	1			鲍先明	2
6	张鑫	2				
6	张飞	1				
6	鲍先明	2				

图 4-3-6　合并计算结果

小华在深入思考以下问题：

（1）可以针对不同工作表中的数据进行合并计算吗？

（2）在 Excel 中，还有哪些功能可对数据进行分析、管理？

三、练习题

（一）选择题

1. 为实现多字段的分类汇总，Excel 提供的工具是（　　　　）。

A．数据列表   B．数据分析

C．数据地图   D．数据透视表

2．在 Excel 中，需要显示数据列表的部分记录时，可以使用（   ）功能。

A．排序   B．自动筛选

C．分类汇总   D．以上都是

3．在数值单元格中出现一连串的"###"符号，解决办法是（   ）。

A．重新输入数据   B．调整单元格的宽度

C．删除这些符号   D．删除单元

4．Excel 中反映 2000—2020 年全球气温变化的图表，（   ）最合适。

A．圆形图   B．雷达图

C．饼图   D．折线图

5．用于分析组成和构成比，适合用（   ）。

A．饼图   B．矩形图

C．瀑布图   D．树状图

6．在 Excel 中，数据透视表的数据默认字段汇总方式为（   ）。

A．平均值   B．最大值

C．方差   D．求和

7．在 Excel 中，为了移动分页符，需要在（   ）模式下进行。

A．普通视图   B．分页符预览

C．打印预览   D．缩放视图

8．图表标签设置包含（   ）。

A．图表标题设置   B．坐标轴设置

C．图例位置设置   D．以上都有

9．合并计算的数据汇总方式不包括（   ）。

A．求和   B．计数

C．平均值   D．求积

10．数据透视图是以图形的形式表示（   ）中的数据。

A．饼图   B．数据透视表

C．柱形图   D．迷你图

（二）填空题

1．Excel 中的图表类型有柱形图、_____、饼图、_____等。

2．在 WPS 表格和 Excel 中，数据透视表是一种对大量数据进行_____和建立交叉比较的交互式表格。

3．迷你图分为折线图、_____和盈亏图。

4．在迷你图中，突出显示高点和低点应在_____选项卡中操作。

5．Excel 提供了_____种颜色组合样式。

6．单独修改一组迷你图中的一个迷你图类型，应先进行_____操作。

7．_____图可以展示各类数据及其某个分类的详细占比情况。

8．添加图表元素可以对图表的标题、_____、图例等进行布局。

9．_____图表可用于强调数量随时间而变化的程度，也可用于引起人们对总值趋势的注意。

10．图表建立后，如对效果不满意，则可以使用_____功能区按钮进行编辑。

（三）简答题

1．如何插入图表？

2．数据透视表的作用是什么？

3．如何插入数据透视表？

4．如何插入数据透视图？

5．一般图表和数据透视图的区别是什么？

6．合并计算的作用是什么？

7．如何进行合并计算？

8．什么是迷你图？其特点是什么？

（四）判断题

1．图表是数据的一种表现形式，可以更好、更直观地显示出表格中各个数据的关系。

（　　）

2．图表创建完成后，不能进行数据量的修改。　　　　　　　　　　（　　）

3．数据透视表中的数据会随原始数据的改变而更新。　　　　　　　（　　）

4．图表创建完成后，不能进行图表元素的添加。　　　　　　　　　（　　）

5．图表中的数据，可以进行行列互换。　　　　　　　　　　　　　（　　）

6．将图表插入单元格区域，为确保位置准确定位到单元格的边框处，应同时按住"Alt"键。

（　　）

7．迷你图不是对象，而是一种放置到单元格背景中的微缩图表。　　（　　）

8．合并计算就是对相应的数据进行求和。　　　　　　　　　　　　（　　）

9．数据查询可以使用 LOOKUP 和 VLOOKUP 等函数进行。　　　　　　（　　）

10．在水平方向上进行比较不同类别的数据可使用饼图。　　　　　　（　　）

（五）操作题（写出操作要点，记录操作中遇到的问题和解决办法）

1. 在本班级的"计算机应用成绩表"中插入三维簇状柱形图。

2. 修改图表标题为"计算机应用基础成绩图"，并在下方显示。

3. 将图表颜色修改为橙色（颜色 10）。

4．在图表的右侧添加图例。

5．将图表插入 E2:I8 区域。

四、任务考核

完成本任务学习后达到学业质量水平一的学业成就表现如下。

（1）能正确使用数据透视表工具进行数据分析。

（2）会根据需要选用合适的图表。

（3）会根据实际情况进行合并计算。

（4）会设置图表的不同格式。

完成本任务学习后达到学业质量水平二的学业成就表现如下。

（1）掌握两种不同的插入图表方法。

（2）会根据情况合理使用数据透视表、数据透视图、迷你图等。

（3）会使用合并计算功能进行数据汇总。

任务 4 初识大数据

◆ **知识、技能练习目标**

1. 了解大数据的基础知识；
2. 了解大数据的采集和分析方法。

◆ **核心素养目标**

1. 发展数据思维；
2. 提高大数据分析能力。

◆ **课程思政目标**

1. 培养数据安全意识；
2. 刻苦学习，弘扬工匠精神。

一、学习重点和难点

1. 学习重点
（1）大数据的处理流程；
（2）数据安全。
2. 学习难点
（1）大数据的处理流程；
（2）大数据的采集方法。

二、学习案例

 案例 1："隐形的爱"

小华上大学的姐姐最近遇到一件开心的事情，她发现自己的校园一卡通上多了 200 元钱，问了学校才知道，学校根据大数据分析，筛选出低于生活预警线的学生，根据实际情况制订不同的伙食补助方案，受助学生无须申请，由学校发放伙食补贴至受助学生一卡通，实现悄无声息的精准资助。相比之前需要进行申请、证明及公示等流程，现在的做法更暖心和高效。

精准资助就是资助对象精准、资助标准精准、资金发放精准。学校根据大数据分析资助家庭经济困难的学生，既不需要学生主动申请，也不需要提供任何情况说明，甚至在收到补贴前学生都不知情。

小华在深入思考以下问题：

（1）大数据的应用场景还有哪些？

（2）如何避免个人隐私泄露？

 案例 2：大数据分析方法

小华想了解大数据分析的基本方法，以便能够有效选择数据分析工具，得到更多的数据信息。

分析数据的技术方法有很多，大致可以归为六类。

（1）可视化分析技术。

可视化（Visualization）是利用计算机图形学和图像处理技术，将数据转换成图形或图像在屏幕上显示出来，并进行交互处理的理论、方法和技术。它涉及计算机图形学、图像处理、计算机视觉、计算机辅助设计等多个领域，是研究数据表示、数据处理、决策分析等一系列问题的综合技术。

（2）数据挖掘技术。

数据挖掘是根据数据创建数据挖掘模型，将集群、分割、孤立数据关联起来，找出数据内部的价值、类型模式和发展趋势等。与可视化相比，前者是给人看的，数据挖掘是给机器看的。实现该技术不仅涉及处理数据的量，也涉及处理数据的速度。

（3）预测性分析技术。

预测性分析技术是根据客观对象的已知信息，对事物在将来的某些特征、发展状况的一种估计、测算活动。它是运用各种定性和定量的分析理论与方法，对事物未来发展的趋势和水平进行判断和推测的一种活动。数据挖掘可以让数据分析人员更好地理解数据，而预测性分析可以让数据分析人员根据可视化分析和数据挖掘的结果做出一些预测性的判断。

（4）语义引擎技术。

语义引擎是能够从"文档"中智能提取信息的工具。由于非结构化数据的多样性，使数据分析不仅局限于数值数据，字符等类型的数据也需要使用专门工具进行提取、解析、分析，进而得出数据中包含的信息。

（5）数据质量和数据管理技术。

数据质量和数据管理技术是优化管理方法、提升数据质量的专门技术，通过标准化的数据管理流程和专门工具，可以保证给数据分析工具提供高质量的基础数据。

（6）数据存储、数据仓库技术。

数据仓库是为了多维分析和多角度展示数据，按特定模式进行存储所建立起来的关系型数据库。在智能数据系统中，数据仓库是系统的基础，数据仓库承担对业务系统数据整合的任务，能为数据系统提供抽取、转换和加载功能，允许按主题进行数据查询和访问，也能为联机数据分析和数据挖掘提供数据平台。

小华在深入思考以下问题：

（1）现在预测分析应用最好的领域有哪些？

（2）进行大数据分析主要存在哪些未解决的问题？

三、练习题

（一）选择题

1. 大数据起源于（　　）。
   - A. 金融
   - B. 电信
   - C. 互联网
   - D. 人工智能

2. 大数据最显著的特征是（　　）。
   - A. 规模大
   - B. 类型多样
   - C. 处理速度快
   - D. 价值密度高

3. 现今最为突出的大数据环境为（　　）。
   - A. 物联网
   - B. 云计算
   - C. 互联网
   - D. 自然资源

4. 大数据处理流程的第一步一般是（　　）。
   - A. 数据分析
   - B. 数据清洗
   - C. 数据挖掘
   - D. 数据采集

5. 大数据中直观展示数据，让数据自己说话，一般使用（　　）。
   - A. 数据分析
   - B. 数据可视化
   - C. 数据挖掘
   - D. 数据采集

6. 大数据一般在下列哪些场景下应用。（　　）
   - A. 智慧城市
   - B. 智慧交通
   - C. 智慧教育
   - D. 以上都是

7．数据挖掘是一种（　　　）过程。

   A．数据捕获　　　　　　　　B．决策支持

   C．存储　　　　　　　　　　D．展示

8．数据展现也称为数据呈现或（　　　）。

   A．处理　　　　　　　　　　B．数据可视化

   C．数据支撑　　　　　　　　D．数据分析

9．计算机网络安全是通过采用各种技术和（　　　）措施，使网络系统正常运行。

   A．方法　　　　　　　　　　B．防护

   C．管理　　　　　　　　　　D．保密

（二）填空题

1．麦肯锡定义的大数据四大特征是海量的数据规模、_____、多样的数据类型和

_____。

2．大数据包括结构化、_____和非结构化数据。

3．新一代信息技术融合应用的关键在于对大数据的_____和分析。

4．大数据成为提升_____的关键因素。

5．数据采集主要通过传统信息系统、_____、物联网系统等几个渠道实现。

6．大数据存储需要分布式_____和分布式数据库的支持。

7．数据仓库技术是指将数据从来源端经过抽取、_____、加载至目的端的过程。

8．大数据处理过程中需要重点注重_____，保证用户隐私不受侵犯。

（三）简答题

1．说说你自己理解的大数据定义。

2．简述大数据的发展史。

3．如何理解大数据"体量大"的特征？

4．如何理解大数据"速度快"的特征？

5．为什么说大数据的"价值密度低"？

6．根据采集数据的类型可以将数据采集分为哪些方式？

7．为什么要进行数据清洗？

8．什么是数据挖掘？

9．大数据采集的方法有哪些？

（四）判断题

1. 只要数据体量够大，就可以称为大数据。 （　）

2. 大数据是伴随着计算机技术、网络技术的不断发展而产生的。 （　）

3. 大数据具有时效性，如果采集到的数据不经过流转，最终只会过期报废。 （　）

4. 大数据中的内容与现实世界息息相关，因此，要保证数据的准确性和可信赖度。

（　）

5. 大数据技术不会成为黑客的攻击手段。 （　）

6. 大数据与云计算是密不可分的。 （　）

7. 数据机密性是指数据不被非授权者、实体或进程利用或泄露的特性。 （　）

8. 对用户的访问行为进行有效验证是大数据安全保护的一个重要方面。 （　）

9. 大数据在公共服务平台发挥广泛应用，如智慧城市、智慧交通、智慧教育、智慧政务管理等。 （　）

（五）操作题（写出操作要点，记录操作中遇到的问题和解决办法）

1. 收集大数据的相关资料，说说如何更好地发展大数据。

2. 收集贵安新区大数据中心的相关资料，说说其作为国家大数据中心的优势有哪些。

3. 收集相关的法律法规，说说如何保障大数据中心的安全。

4. 收集资料，说说互联网数据采集通过网络爬虫获取数据信息的原理是什么。

5. 分析一款互联网 App 中大数据应用的过程。

四、任务考核

完成本任务学习后达到学业质量水平一的学业成就表现如下。

（1）能大概描述大数据的概念和相关基础知识。

（2）了解大数据采集与分析的相关知识和技术。

完成本任务学习后达到学业质量水平二的学业成就表现如下。

（1）能清晰描述大数据的概念和相关基础知识。

（2）了解并掌握大数据采集与分析的相关知识和技术。

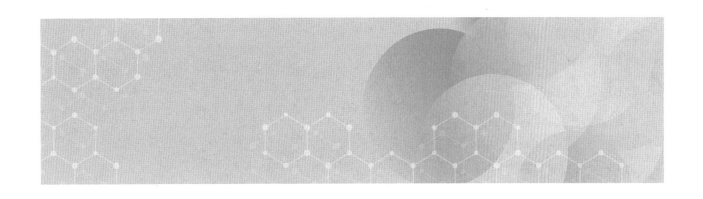

第5章 程序设计入门

本章共分 2 个任务，任务 1 帮助学生了解程序设计的基础知识，认知主流程序设计语言，理解程序解题过程，强化计算思维，建立使用程序解决问题以提高学习工作效率的理念。任务 2 帮助学生了解程序设计的基本方法，了解典型算法，学会使用程序设计工具编辑、运行、调试简单程序。

任务 1　了解程序设计理念

◆ **知识、技能练习目标**

1．了解程序设计基础知识，理解运用程序设计解决问题的逻辑思维理念；
2．了解常见主流程序设计语言的种类和特点。

◆ **核心素养目标**

1．增强信息意识；
2．发展计算思维。

◆ **课程思政目标**

1．遵纪守法、热爱学习；
2．自觉践行社会主义核心价值观。

一、学习重点和难点

1．学习重点
（1）程序设计基本思想；

（2）主流程序设计语言。

2．学习难点

（1）编程思想；

（2）程序设计语言选择。

二、学习案例

 案例1：生活中的算法思维

人们日常生活中的很多做法都和计算思维不谋而合，可以说计算思维从生活中吸收了很多有用的思想和方法。小华收集了一些这样的例子。

（1）算法过程。

菜谱可以说是算法（或程序）的典型代表，它将一道菜的烹饪方法一步步地罗列出来，即使不是专业厨师，照着菜谱的步骤也能做出可口的菜肴。这里，菜谱的每个步骤必须简单、可行。如"将土豆切成块状""将50克油入锅加热"等都是可行的步骤，而"使菜肴具有神秘香味"则不是可行的。

（2）模块化。

很多菜谱都有"勾芡"这个步骤，与其说是一个步骤，不如说是一个模块，因为勾芡本身代表着一个操作序列——取一些淀粉→加水→搅拌均匀→倒入菜中。由于这个操作序列经常被使用，为了避免重复，以及使菜谱结构清晰、易读，所以用"勾芡"这个术语简明地表示。这个例子同时也反映了在不同层次上进行抽象的思想。

（3）查找。

如果要在英汉词典中查一个英文单词，相信读者不会从第一页开始一页页地翻看，而会根据单词在字典中的排列顺序，快速地定位单词词条。老师说"请将本书翻到第8章"，学生会怎么做呢？是的，书前的目录可以帮助大家直接找到第8章的页码。这正是计算机中被广泛使用的索引技术。

（4）回溯。

人们在路上遗失物品后，会沿原路往回寻找。或者在一个岔路口，人们会选择其中一条路走下去，如果最后发现此路不通就会原路返回，到岔路口选择另一条路。这种回溯法对于系统地搜索问题空间是非常重要的。

（5）缓冲。

假如将学生用的教材视为数据，上课视为对数据进行处理，那么学生的书包就可以视为缓冲存储。学生随身携带所有教材既重又不方便上课时查找，因此每天只能把当天要用的教材放入书包，第二天再换入新的教材。

（6）并发。

在做菜时，如果一道菜需要在锅中煮一段时间，厨师一定会利用这段时间去做点别的事情（例如，将另一道菜的材料洗净切好），而不会无所事事。在此期间如果锅里的菜需要加佐料，厨师可以放下手头的活儿去处理。就这样，虽然只有一个厨师，但他可以同时做几道菜。

小华在深入思考以下问题：

（1）生活中还有哪些算法思维的应用？

（2）同一件事情中可以同时包含多种算法思维吗？生活中有这样的案例吗？

 案例 2：了解程序设计语言

小华知道让计算机完成特定任务，必须告诉计算机工作的具体方法和步骤，而完成这一任务的工具就是程序设计语言。

（1）机器语言。

基于数字电路的电子计算机只能够识别 0 和 1 两个数字组成的二进制代码指令，这些指令的集合就是机器语言，机器语言与计算机硬件有关。机器语言是计算机硬件唯一可以直接识别和执行的语言，因此机器语言执行速度最快。由于机器语言使用 0 和 1 代码，用于编程费时、烦琐，出错难以修改，且不同机器的指令系统不同。

（2）汇编语言。

为了减少使用机器语言的困难，人们发明了汇编语言。汇编语言是使用"助记符"代替操作码，用"地址符号"或"标号"代替地址码，即用"符号"代替机器语言的二进制码，所以汇编语言也被称为符号语言。汇编语言在形式上使用人们熟悉的英文符号和十进制数代替二进制代码，方便人们的记忆和使用。汇编语言编制的程序输入计算机后，计算机不能直接识别，必须经过计算机中的"汇编程序"加工和翻译，变成能够被计算机识别和处理的二进制代码程序。

汇编语言像机器指令一样，是硬件操作的控制信息，因此仍然是面向机器的语言，在编写复杂程序时还是比较烦琐、费时，具有明显的局限性。汇编语言依赖于具体机型，不能通用，也不能在不同机型之间移植。

（3）高级语言。

为了解决编程语言难以掌握的困难，人们试图设计一种接近数学语言或自然语言，且不依赖计算机硬件的通用编程语言。经过不懈努力，第一个完全脱离机器硬件的高级语言——FORTRAN 问世，50 多年来，共有数百种高级语言出现，影响较大的有 C、C#、Visual C++、Visual Basic、.NET、Delphi、Java、ASP 等。

高级语言经历了面向过程、结构化、面向对象的发展过程，软件开发也由个体手工作坊式的封闭生产，发展为产业化、流水线式的工业化生产。

用高级语言编写程序的过程称为编码，编写出来的程序是源程序，源程序必须翻译成二进制代码。翻译高级语言的方式有两种，一种是解释方式，计算机运行解释程序，解释程序逐句解释、执行源程序，得到结果；另一种是编译方式，计算机运行编译程序，将源程序全部翻译成可直接执行的二进制程序（称为目标程序），然后执行目标程序，得到结果。

小华在深入思考以下问题：

（1）为什么计算机只能识别二进制代码？

（2）如何选择满足自己需要的程序设计语言？

三、练习题

（一）选择题

1. 指令是给计算机下达的（　　）基本命令。

    A. 一个　　　　　B. 两个　　　　　C. 多个　　　　　D. 不确定个

2. 程序是为实现特定目标的（　　）编程指令序列的集合。

    A. 一条　　　　　　　　　　　B. 多条

    C. 一条或多条　　　　　　　　D. 无数条

3. （　　）就是将问题解决的方法步骤编写成计算机可执行程序的过程。

    A. 指令　　　　B. 算法　　　　C. 命令　　　　D. 程序设计

4. 二进制语言又称为（　　）。

    A. 机器语言　　　　　　　　　B. 汇编语言

    C. 高级语言　　　　　　　　　D. 自然语言

5. 自动计算需要解决的基本问题是（　　）。

    A. 数据的表示

    B. 数据和计算规则的表示

    C. 数据和计算规则的表示与自动存储

    D. 数据和计算规则的表示、自动存储和计算规则的自动执行

6. 使用机器语言编程时，程序代码是（　　）。

    A. 二进制　　　　　　　　　　B. 十进制

    C. 八进制　　　　　　　　　　D. 十六进制

7. 计算机在执行高级语言程序时，翻译成机器语言并立即执行的程序是（　　）。

    A. 高级程序　　　　　　　　　B. 编译程序

C．解释程序　　　　　　　D．汇编程序

8．程序设计语言经历了从机器语言、汇编语言到高级语言的发展过程。其中 Python 语言属于（　　）。

A．机器语言　　　　　　　B．高级语言

C．自然语言　　　　　　　D．汇编语言

9．高级语言更接近自然语言，并不特指某种语言；也不依赖特定的计算机系统，因而更容易掌握和使用，通用性也更好。以下不属于高级语言的是（　　）。

A．Java 语言　　　　　　　B．Python 语言

C．汇编语言　　　　　　　D．VB 语言

10．下列关于程序设计的说法正确的是（　　）。

A．程序设计就是指示计算机如何去解决问题或完成一组可执行指令的过程

B．程序设计就是寻求解决问题的方法，并将实现步骤编写成计算机可以执行程序的过程

C．程序设计语言的发展经历了机器语言、汇编语言到高级语言的过程，比较流行的高级语言有 Python、Java、Excel 等

D．程序设计语言和计算机语言是同一个概念的两个方面

（二）填空题

1．编程思维结合数学、逻辑和_____，以新的方式思考世界。

2．计算机程序处理的对象是_____或_____。

3．编程思想表现为过程性编程思想、结构性编程思想和_____。

4．结构性编程思想是一种_____、逐步求精的编程思想。

5．面向对象程序设计具有_____、_____和多态等特征。

6．程序设计语言也叫_____语言。

7．程序设计语言一般分为三大类，分别是_____语言、_____语言和_____语言。

8．机器语言直接使用_____代码表示指令。

9．第一个广泛应用的高级语言是_____语言。

10．高级语言是接近_____的一种计算机程序设计语言。

11．_____语言和_____语言，统称为低级语言。

12．程序设计语言的执行方式包括_____执行和_____执行两种。

（三）简答题

1. 什么是计算机程序？

2. 设计计算机程序的步骤有哪些？

3. 程序说明书包括哪些内容？

4. 简述编制计算机程序的基本思想。

5．说说你对指令的理解。

6．面向对象程序设计有哪些基本特征？

7．程序设计语言有哪些？它们的特点是什么？

8．高级语言的编译过程和解释过程各有什么优势和不足？

9. 高级语言的特征有哪些？

10. Python 语言的应用领域有哪些？

（四）判断题

1. 计算机程序是对计算任务的处理对象和处理规则的详细描述。（　）
2. 计算机程序是对计算任务的操作步骤描述。（　）
3. 设计计算方法的目的是指出分析问题的过程。（　）
4. 编程解决问题的一般过程是分析问题、设计算法、编写程序、调试运行程序。

（　）
5. 计算机编程的核心是编写代码。（　）
6. 设计的算法一定包含输入部分。（　）
7. 机器语言不是低级语言。（　）
8. 高级语言更接近自然语言，用十进制数和表达式表示。（　）
9. 汇编语言是符号化的机器语言，采用英文助记符代替机器指令，比机器语言容易识别和记忆，因此，汇编语言是高级语言。（　）
10. Python 语言是一种面向对象的解释型计算机程序设计语言，是目前广受欢迎的程序设计语言之一。（　）
11. 用计算机高级语言编写的程序代码需要"翻译"为机器语言程序（由 1 和 0 代码组

成），才可以让计算机执行。 （ ）

（五）操作题（写出操作要点，记录操作中遇到的问题和解决办法）

1．小华和你玩猜数游戏，他心中想好一个 1～100 的自然数让你来猜，猜错的话他会告诉你太大或太小，直至你猜中。为了尽快猜中，你有什么好方法？

2．收集计算机程序设计语言资料，总结程序设计语言的主要发展历程。

3．你会下棋吗（围棋、象棋、五子棋均可。）？下棋时你是如何一次计算多步的呢？

4. 有四个整数 2、5、7、9，将这四个整数两两组合成一个两位数，有多少种组合方式？请将问题进行分解，画出分解图。

5. 期末考试结束了，老师希望对全班考试成绩进行等级划分。90 分（含）以上为"优秀"，70 分（含）至 90 分为"良好"，60 分（含）至 70 分为"及格"，60 分以下为"不及格"。请分析上述划分成绩等级的规则，用流程图表示出来。

6. 小华每天晚上都要整理书包。他的做法是：首先看课程表，查找今明两天是否有重复的课，如果没有，就取出今天所有的书，放入明天上课的书；如果有重复的课，则保留重复课的书，取出明天不上课的书，再放入剩余明天上课的书。请分析小华整理书包的过程，将该过程进行分解，并用流程图表示出来。

四、任务考核

完成本任务学习后达到学业质量水平一的学业成就表现如下。

（1）能够清晰说明程序设计语言的分类、程序设计过程等基本知识。

（2）能够说明现在使用的主流程序的种类和特点。

完成本任务学习后达到学业质量水平二的学业成就表现如下。

（1）能够提出运用程序解决问题的基本思路。

（2）会合理选择程序设计语言。

任务 2　设计简单程序

◆ **知识、技能练习目标**

1．了解一门程序设计语言的基础知识；

2．会使用相应的程序设计工具编辑、运行及调试简单的程序；

3．了解典型算法，会使用功能库扩展程序功能。

◆ **核心素养目标**

1．提高数字化学习能力；

2．强化信息社会责任。

◆ **课程思政目标**

1．爱岗敬业，遵纪守法；

2．自信自强，守正创新；

3．热爱学习，强化科技意识。

一、学习重点和难点

1．学习重点

（1）常用程序设计语言的基础知识；

（2）程序设计工具的使用；

（3）编制简单程序。

2．学习难点

（1）程序的调试；

（2）算法及数据结构。

二、学习案例

 案例1：算法

小华知道解决不同问题需要不同算法，同一问题，也可以有多种解决问题的算法，全面了解算法会对解决实际问题有很大帮助，所以他决定花点时间学习相关知识。

（1）算法。

一个程序应包含对数据的表示（数据结构）和对操作的描述（算法）两个方面的内容，所以，著名计算机科学家沃思提出了"数据结构 + 算法 = 程序"的概念。

算法（algorithm）是求解问题的一系列计算步骤，用来将输入数据转换成输出结果。如果一个算法对其每一个输入实例都能输出正确的结果并停止，它就是正确的。一个正确的算法能解决给定问题，不正确的算法对于某些输入可能根本不会停止，或者停止时给出的不是预期结果。

同一问题可能有多种求解算法，如求 $1+2+3+\cdots+100$ 的值，可以先进行 $1+2$，再加 3，再加 4，一直加到 100；也可以 $100+(1+99)+(2+98)+\cdots+(49+51)+50 = 100+49\times100+50 = 5050$。算法的优劣可通过时间复杂度和空间复杂度分析判定。

（2）算法设计目标。

算法应满足以下几个目标。

正确性：算法设计最重要、最基本的标准是算法能够正确地执行预先制定的功能和性能要求。

可使用性：也称用户友好性，要求算法能够很方便地使用。

可读性：算法应该易于理解，算法的逻辑关系必须清晰、简单和结构化。

健壮性：要求算法具有很好的容错性，即提供异常处理，能够对不合理的数据进行检查，不能经常出现异常中断或死机现象。

高效率和低存储量：算法的效率主要指算法的执行时间，对于同一个问题如果有多种算法可以求解，执行时间短的算法效率高。算法存储量是指算法执行过程中所需的最大存储空间。

（3）算法设计步骤。

算法设计是一个灵活的过程，大致包括以下几个基本步骤。

分析求解问题：确定求解问题的目标（功能）、给定的条件（输入）和生成的结果（输出）。

选择数据结构和算法设计策略：设计数据对象的存储结构，因为算法的效率取决于数据对象的存储表示。算法设计有通用策略，如迭代法、分治法、动态规划和回溯法等，可针对求解问题选择合适的算法设计策略。

描述算法：在构思和设计好一个算法后，必须清楚、准确地将求解步骤记录下来。

证明算法的正确性：算法的正确性证明与数学证明有类似之处，可采用数学证明方法，用纯数学方法证明算法的正确性不仅费时，对大型软件开发也不适用。为所有算法给出完全的数学证明不现实，因此，选择已知正确的算法可减少出错机会。

算法分析：存在多种求解算法时，可通过算法分析找到最好的算法，一般来说，一个好的算法应该比同类算法的时间和空间效率高。

小华在深入思考以下问题：

（1）算法还能解决哪些实际问题？

（2）算法在实际生活中的应用场景有哪些？

 案例 2：找最大值

有 3 个数 a、b、c，如何利用程序设计的思想找出最大数呢？小华做了如下分析整理。

（1）设置一个容器 max，这个容器中将放置最大数。

（2）假设 a 是最大数，将 a 的值放入 max 中。

（3）将 b 与 max 比较，如果 max < b，则将 b 放入 max 中，否则，max 中的数不变。

（4）将 c 与 max 比较，如果 max < c，则将 c 放入 max 中，否则，max 中的数不变。

（5）输出 max 中的数，即为 3 个数中的最大数。

小华在深入思考以下问题：

（1）如何找出 3 个数中的最小数呢？

（2）要将上述过程用流程图表示，如何绘制呢？

三、练习题

（一）选择题

1. 算法的特征是：有限性、（   ）、有效性、有 0 个或多个输入和有一个或多个输出。

    A. 稳定性   B. 确定性

    C. 正常性   D. 快速性

2. 数据结构中栈和队列的共同特点是（　　　）。

   A．处理数据时满足先进后出

   B．处理数据时满足先进先出

   C．只允许在端点处插入和删除数据

   D．没有共同点

3. 关于数据结构描述，以下选项中错误的是（　　　）。

   A．数据结构指相互有关联的数据元素的集合

   B．数据的存储结构有顺序存储、链接存储、索引存储和散列存储

   C．数据结构不可以直观地用图形表示

   D．数据的逻辑结构主要有集合、线性结构、树形结构和图形结构4种类型

4. 下列不属于字符串的是（　　　）。

   A．qianfeng   B．'qianfeng'

   C．"qianfeng"   D．"""qianfeng"""

5. 下列属于列表的是（　　　）。

   A．1, 2, 3, 4   B．[1, 2, 3, 4]

   C．{1, 2, 3, 4}   D．(1, 2, 3, 4)

6. 下列选项中，可以生成1到5的数字序列是（　　　）。

   A．range(0,5)   B．range(1,5)

   C．range(1,6)   D．range(0,6)

7. 对于 for n in range(0,3):print(n)，共循环（　　　）次。

   A．4   B．2

   C．0   D．3

8. 下列语句不能单独使用的是（　　　）。

   A．if 语句   B．elif 语句

   C．if-else 语句   D．for 语句

9. 下面程序的输出结果是（　　　）。

```
m=5
while(m==0):
    m-=1
print(m)
```

   A．0   B．4

   C．5   D．-1

10. 下面程序的输出结果是（　　　）。

```
score=80
if score<60:
    print('成绩为%d'%score, end=', ')
print('不及格')
```

A. 成绩为 80，不及格　　　　B. 成绩为 80

C. 不及格　　　　　　　　　D. 无输出

11. 下面程序的输出结果是（　　　）。

```
score=80
if score<60:
    print('不及格')
else:
    pass
```

A. 不及格　　　　　　　　　B. pass

C. 报错　　　　　　　　　　D. 无输出

12. 下列选项中，（　　　）语句可以手动触发异常。

A. try　　　　　　　　　　B. Except

C. raise　　　　　　　　　D. finally

（二）填空题

1. 算法是对_____求解步骤的一种描述。

2. 描述算法的语言主要有 3 种形式，分别是_____、_____和_____。

3. 数据的存储结构分为_____和非顺序两种。

4. Python 程序的默认扩展名是_____。

5. 退出 Python 解释器可以输入_____命令。

6. 对字符串进行输出可以使用_____函数。

7. _____运算符可以将两个字符串连接起来。

8. _____语句是 if 语句与 else 语句的组合。

9. sys 模块中_____函数用来回溯最后一次异常信息。

10. 通过_____关键字可以获取异常信息。

11. 语法错误大多无法通过编译找出，可通过_____直接找到。

12. 在导入模块时，写错模块名，会导致_____错误。

（三）简答题

1．设计算法时应考虑哪些目标？

2．算法有哪几种基本控制结构？

3．算法的时空性能评价指标有哪些？

4．什么是数据结构？

5．数据结构的逻辑结构分为哪几种？

6．Python 语言有哪些特性？

7．Python3.x 与 Python2.x 的区别有哪些？

8．Python 中使用哪些数据类型？

9．字典与集合的区别有哪些？

10．局部变量与全局变量有哪些区别？

11．程序有哪几种基本结构？

12．断言语句的语法结构是什么形式？

（四）判断题

1. 算法和程序是没有区别的。 （　　）
2. 伪代码用一种类似于程序设计语言的语言来描述算法，它不是真正的程序设计语言。 （　　）
3. 算法设计的可读性是指为了方便人们阅读和交流。 （　　）
4. 用自然语言描述算法，就是用人们日常所用的语言，如汉语等来描述算法。 （　　）
5. 在 IDLE 交互模式下，一个下画线"_"表示解释器中最后一次显示的内容或最后一次语句正确执行的输出结果。 （　　）
6. Python 中的变量在使用前必须先定义。 （　　）
7. 通过"{}"可以创建一个空集合。 （　　）
8. 已知 a=15，在执行"a%=6"后，a 的值为 3。 （　　）
9. Python 是动态语言，变量需要根据其要赋予的值提前定义数据类型。 （　　）
10. 简单分支结构是最基础的程序结构，在设计中一般用不到。 （　　）
11. 多分支结构是使用最广泛的结构，可替代任何选择性结构。 （　　）
12. 如果一个异常无法被任何的 except 子句捕获，则程序会抛出该异常并停止。 （　　）

（五）操作题（写出操作要点，记录操作中遇到的问题和解决办法）

1. 收集算法和程序资料，分析算法和程序有何异同。

2．收集常用的算法资料，分析冒泡排序法和顺序查找法的特点。

3．收集集合、线性结构、树形结构和图形结构资料，列举出数据元素之间存在哪些联系。

4．尝试下载、安装 Python 3.x。

5. 运行 Python 集成开发环境 IDLE，使用命令查看版本信息。

6. 使用 IDLE，输出简单字符串"hello world！"。

7. 使用 IDLE 编写源文件程序名为静夜思.py，输出字符串：

床前明月光，疑是地上霜。

举头望明月，低头思故乡。

8. 编写程序实现以下内容：创建变量 x，初始化赋值为 3，然后赋值为 5，创建变量 y，赋值为 4，再创建变量 z，z 的值为 x 和 y 的和，输出 z 的值。

9. 编写程序计算 78,34,89,62,91 的平均值。

10. 输入与输出员工的姓名、年龄、月收入，假设姓名字符串长度在 2~18，年龄在 18~60 岁，月收入大于 2500 元，如果不满足上述条件，则手动触发异常并处理。

四、任务考核

完成本任务学习后达到学业质量水平一的学业成就表现如下。

（1）能够说出常用的典型算法。

（2）能够说出常用的数据结构基本类型。

（3）会编制简单程序。

（4）会应用功能库扩展程序功能。

完成本任务学习后达到学业质量水平二的学业成就表现如下。

（1）了解本专业需要用程序解决的业务问题。

（2）会选择有效算法提出优化解决方案。

第6章 数字媒体技术应用

本章共分4个任务，任务1是获取数字媒体素材练习，帮助学生强化数字媒体技术的概念，深入认识数字媒体文件格式，熟练掌握获取音频素材、视频素材的方法及数字媒体格式的转换方法。任务2是加工数字媒体练习，帮助学生熟练掌握编辑音频素材、视频素材的方法。任务3是制作简单数字媒体作品练习，帮助学生深入了解制作数字媒体作品软件的工作界面，学会制作简单数字媒体作品。任务4是虚拟现实与增强现实技术练习，帮助学生强化虚拟现实技术和增强现实技术的概念，深入理解虚拟现实技术与增强现实技术。

任务1 获取数字媒体素材

◆ 知识、技能练习目标

1. 了解数字媒体技术的相关概念、特点及应用现状；
2. 了解数字媒体文件的格式和特点；
3. 掌握获取数字媒体素材的常用方法；
4. 学会使用软件进行数字媒体格式转换。

◆ 核心素养目标

1. 增强信息意识；
2. 提高数字化学习与创新能力；
3. 强化信息社会责任。

◆ 课程思政目标

1. 遵纪守法、文明守信；

2．树立正确的网络道德观。

一、学习重点和难点

1．学习重点

（1）数字媒体技术的概念；

（2）数字媒体技术的应用；

（3）网络下载数字媒体资源应遵循的法律道德。

2．学习难点

（1）正确区分文件格式；

（2）掌握获取音频素材、视频素材的方法。

二、学习案例

 案例 1：数字媒体素材

小华知道数字媒体技术是一项应用广泛的综合技术，但不了解数字媒体技术的发展前景，所以他决定深入查找资料寻找答案。

在未来的数字媒体技术环境下，各种媒体并存，视觉、听觉、触觉、味觉和嗅觉媒体信息的综合与合成，不能仅仅用"视听"来表达媒体这个概念。媒体形式之间配合给人们带来全方位的体验，各种形式的媒体都是新媒体类型表达信息的方式。数字媒体交互技术的发展，使数字媒体技术在模式识别、全息图像、自然语言理解和新的传感技术等基础上，利用人的多种感官和动作通道，通过数据传输和虚拟合成（如感知人的面部特征，合成面部动作和表情。）实现更逼真的虚拟现实互动情景。数字媒体技术的未来让人期待，将在人们生活中起到更大的作用。

小华在深入思考以下问题：

（1）数字媒体技术影响深远，我国对数字媒体技术的扶持政策有哪些？

（2）人工智能技术对未来数字媒体的影响有哪些方面？

 案例 2：知识产权保护

小华知道网上有些资源是有版权的，是受法律保护的，侵权行为要承担法律责任。

知识产权是指人们就其智力劳动成果所依法享有的专有权利，通常是国家赋予创造者对其智力成果在一定时期内享有的专有权或独占权。知识产权从本质上说是一种无形财产权，它的客体是智力成果或知识产品，是一种无形财产或没有形体的精神财富，是创造性的智力劳动所创造的劳动成果。它与房屋、汽车等有形财产一样，都受到国家法律的保护，都具有价值，人们应该对知识产权进行保护。

小华在深入思考以下问题：

（1）在网上下载资源需要注意什么？受哪些法律和道德约束？

（2）在网络中分享资源时应该如何做好知识产权保护工作？

三、练习题

（一）选择题

1. 数字媒体是以二进制数的形式（　　　）过程的信息载体。

    A. 记录、处理、传播、获取　　　　B. 采集、分类、传播、存储

    C. 存储、交换、传输、处理　　　　D. 记录、交换、传播、获取

2. 数字媒体技术的主要研究领域包括（　　　）。

    A. 加工技术、存储技术和再现技术

    B. 核心关键技术、关联支持技术和扩展应用技术

    C. 操作技术、传输技术和压缩技术

    D. 计算机图形技术、虚拟现实技术和计算机动画技术

3. 数字媒体技术的特点有数字化、多样性、集成性、交互性、实时性、趣味性、（　　　）。

    A. 艺术性、主动性和交叉性　　　　B. 故事性、艺术性和主动性

    C. 现代性、艺术性和交叉性　　　　D. 扩展性、交叉性和主动性

4. 数据压缩编码的方法按信息量有无损失可分为（　　　）。

    A. 可逆编码和不可逆编码　　　　B. 变换编码和分析-合成编码

    C. 统计编码和变换编码　　　　D. 定长码和变长码

5. Word 2007 及之后版本的 Word 文档格式是（　　　）。

    A. TXT　　　　B. RTF

    C. DOC 和 DOCX　　　　D. WPS

6. 常见的图形图像格式包括（　　　）。

    A. BMP、JPEG 和 PNG　　　　B. TXT、DOC 和 WPS

    C. PDF、MP3 和 MIDI　　　　D. AVI、MP4 和 WAV

7. 下列属于数字视频格式的是（　　　）。

    A. GIF　　　　B. JPEG　　　　C. DOC　　　　D. AVI

8．计算机键盘上屏幕截图的快捷键是（　　）。

  A．F4　　　　　　B．Print Screen　　C．F1　　　　　　D．Enter

9．下列属于图片格式中位图格式的是（　　）。

  A．CDR　　　　　B．SWF　　　　　C．BMP　　　　　　D．WMF

10．关于获取数字媒体素材，下列做法不正确的是（　　）。

  A．数字媒体素材可通过网络下载、视频截取

  B．数字媒体素材既可从资源库中获取，也可自行制作

  C．网络下载的数字媒体素材可进行随意传播和商业使用

  D．格式工厂软件可以提取音频作为数字媒体素材

（二）填空题

1．媒体的含义包括_____、_____和_____3 方面。

2．数字媒体主要技术有_____。

3．随着网络技术发展，目前主要利用_____技术，实现边下载、边播放。

4．为了保证海量媒体数据能够及时、有效地存储，基于分布式的存储和文件存储虚拟化的_____正在数字媒体行业逐步推广。

5．在计算机中，根据图像记录方式的不同，图像文件可分为_____和_____两大类。

6．多媒体数据压缩编码方法可分为_____和_____两种。

7．WinZip 是一个_____软件。

8．扩展名为.asf 的文件是_____类型的文件。

9．衡量数据压缩技术性能好坏的重要指标是_____。

10．数字媒体技术是研究_____、_____、_____等数字媒体的获取、加工、传递、存储和再现的技术。

（三）简答题

1．什么是多媒体技术？多媒体技术的应用领域有哪些？

2．多媒体的关键技术有哪些？

3．简述 MPEG 和 JPEG 的主要差别。

4．数字媒体技术的特点有哪些？

5．在校园学习环境中有哪些多媒体技术的应用？

6. 正确选择多媒体文件格式的好处有哪些？

（四）判断题

1. 一个完整的多媒体系统包括多媒体硬件系统和软件系统。　　　　　（　　）
2. 发布多媒体作品既可以直接打包到硬盘或光盘中，也可以直接发布成网页形式。

（　　）
3. 采样的频率越高，声音"回放"出来的质量也越高，但是要求的存储容量越大。

（　　）
4. 传统媒体处理的都是模拟信号。　　　　　　　　　　　　　　　（　　）
5. 声卡是获取音频信息的主要器件之一，只要将声卡插在主板上，它就能进行工作。

（　　）
6. 矢量图像适用于逼真照片或要求精密细节的图像。　　　　　　　（　　）
7. 评价一种数据压缩技术性能的关键指标是压缩比、图像质量（音质）、压缩和解压的速度。　　　　　　　　　　　　　　　　　　　　　　　　　　　（　　）
8. 数字图像就是用一串特定的数字表示的图像。　　　　　　　　　（　　）

（五）操作题（写出操作要点，记录操作中遇到的问题和解决办法）

1. 上网收集制作校园风景多媒体作品需要的图片、视频等素材。

2．利用 Windows 系统自带的"录音机"软件制作一个介绍校园风景的音频文件。

3．下载"格式工厂"软件，将一个 AVI 格式的文件转换为 MP3 格式。

4．使用"录屏"软件制作文件格式转换的操作视频。

5．收集声音与文字转换的工具，比较它们的易用性。

6．试用"科大讯飞"、"捷通华声"和"IBM"三大中文语音转换系统，说说它们的功能差异。

四、任务考核

完成本任务学习后达到学业质量水平一的学业成就表现如下。

（1）能清晰说明多媒体技术的概念。

（2）能清晰说明数字媒体文件的各种格式。

（3）能正确获取多媒体素材。

（4）能正确完成多媒体素材格式的转换。

完成本任务学习后达到学业质量水平二的学业成就表现如下。

（1）能举例说明多媒体技术的具体应用。

（2）能使用真实案例对比说明多媒体应用在生产活动中的重要性。

任务 2　加工数字媒体

◆　**知识、技能练习目标**

1. 会对图像、音频、视频等素材进行简单编辑、处理；
2. 会制作简单动画。

◆　**核心素养目标**

1. 增强信息意识；
2. 提高数字化学习与创新能力。

◆　**课程思政目标**

1. 爱岗、敬业、专注、创新的职业精神；
2. 遵纪守法、文明守信。

一、学习重点和难点

1. 学习重点
（1）编辑数字音频媒体；
（2）编辑数字视频媒体。

2. 学习难点
（1）音频、视频编辑中工具的使用；
（2）素材的加工处理。

二、学习案例

 案例 1：短视频

小华想制作自己需要的短视频，所以先要了解短视频的概念。

短视频即短片视频，是指在各种新媒体平台上播放的、适合在移动状态和短时间休闲状态下观看的、高频推送的视频内容，长度从几秒到几分钟不等。作为一种流行文化现象，短视频已深度融入人们的日常生活，丰富了个体社会交往的方式。

制作短视频的软件种类繁多，性能及特点也各有不同，但都具有操作简单、功能强大的编辑功能，能够帮助用户轻松完成视频编辑操作。

小华在深入思考以下问题：

（1）与其他形式的自媒体相比，短视频有哪些优势？

（2）如果要制作一个短视频，我会选择使用什么软件？

 案例 2：动画形成的原理

小华为了向同学们清晰解释动画原理，他简单梳理了动画的基本概念。

动画的形成依托于人类视觉中所具有的"视觉暂留"特性。视觉暂留又称为余晖效应，于 1824 年由英国伦敦大学教授在《移动物体的视觉暂留现象》研究报告中最先提出。视觉暂留现象首先被中国人运用，"走马灯"便是历史记载中最早的视觉暂留运用实例。走马灯，古代也称"马骑灯"。随后法国人保罗·罗盖在 1828 年发明了留影盘，它是一个被绳子从两面穿过的圆盘。圆盘的一面画了一只鸟，另一面画了一个空笼子。当圆盘旋转时，鸟在笼子里出现了，这证明了当人眼看到一系列图像时，它一次保留一个图像。物体在快速运动时，当人眼所看到的影像消失后，人眼仍能继续保留其影像 0.1～0.4 秒，这种现象被称为视觉暂留现象。

电影、电视、动画技术正是利用人眼的这一视觉惰性，在前一幅画面还没有消失前，继续播放后一幅画面，一系列静态画面就会因视觉暂留特性而形成一种连续的视觉印象，产生逼真的动感，出现一种流畅的视觉变化效果。

小华在深入思考以下问题：

（1）计算机制作动画的优势有哪些？

（2）动画技术已在哪些行业得到应用？

三、练习题

（一）选择题

1. 下列属于音频编辑软件的是（　　）。

　　A．Adobe Audition　　　　　　　B．美图秀秀

　　C．Photoshop　　　　　　　　　　D．Flash

2. 迅捷音频转换器不仅支持音频的格式转换，还支持（　　）等操作。

　　A．视频剪切　　　　　　　　　　B．音频提取、剪切

C．图片编辑　　　　　　D．动画制作

3．常用的视频编辑软件有 Adobe After Effects、Adobe Premiere、狸窝超级全能视频转换器和（　　　）。

A．会声会影　　　　　　B．Microsoft Office

C．美图秀秀　　　　　　D．Sonar

4．根据制作工艺和制作风格不同，计算机动画可分为（　　　）两大类。

A．计算机图片和计算机文字

B．计算机二维动画和计算机三维动画

C．计算机网页和计算机编程语言

D．计算机音频和计算机视频

5．下列不属于常用计算机动画制作软件的是（　　　）。

A．Flash　　　　　　　　B．After Effects

C．3ds MAX　　　　　　D．Photoshop

6．对于同一个视频片段，下列 4 种文件格式占用空间最小的是（　　　）。

A．MPG　　　　　　　　B．MP4

C．FLV　　　　　　　　D．AVI

7．下列关于计算机动画的描述正确的是（　　　）。

A．二维动画与三维动画的制作方式相同

B．Flash 动画以帧为基础单位

C．Ulead Cool 3D 可以制作三维动画

D．Flash 的补间动画分为形状补间和自动补间

8．下列选项中，不能转换为 Flash 元件的是（　　　）。

A．在 Flash 中绘制的图形　　B．导入到 Flash 中的风景图片

C．导入到 Flash 中的音频片段　D．在 Flash 中输入的文字

9．Flash 发布的文件，其类型不可能是（　　　）。

A．GIF　　　　　　　　B．EXE

C．HTML　　　　　　　D．BMP

10．打印机工作的动作原理的最佳表达形式为（　　　）。

A．文本描述　　　　　　B．手绘画面

C．三维动画　　　　　　D．Flash 动画

（二）填空题

1．声音文件中，具有较好的压缩效果并保持较好音质的是_____文件。

2．使用 Windows 自带的"录音机"录音，计算机必须安装_____。

3．在 Flash 中，消除帧的快捷键为_____。

4．色彩的三要素是指_____、_____、_____。

5．多媒体 PC 是指_____。

6．从传统意义上说，动画是利用人类的_____从而产生动态视觉的技术。

7．音频剪切操作分为_____、_____和_____。

8．音频编辑软件可分为_____和_____两大类。

9．在 Flash 中想保留却不需要显示的图层，可以使用_____操作。

10．声道分为_____和立体声/双声道。

（三）简答题

1．常用的音频编辑软件有哪些？

2．美图秀秀主要有哪些功能？

3. GIF 与 SWF 两种格式都是可以在网页上播放的动画文件格式，两者最大的区别是什么？

4. 根据运动的控制方式，可以将计算机动画分为哪几类？

5. 数字视频编辑包括哪两个层面的操作含义？

6. 简述剪切音频和提取音频的区别。

7．举例说明二维动画和三维动画的区别。

8．利用 Flash 软件制作的动画有哪些特点？

（四）判断题

1．根据图形图像的生成方式，计算机动画可分为两种：一种是实时动画，另一种是逐帧动画。 （   ）

2．计算机二维动画制作过程，一般都要经过整体设计、动画创意、脚本制作、收集素材、绘制画面、动画生成和动画导出等步骤。 （   ）

3．动画和视频都是运动的画面，其实质一样，只是叫法不同。 （   ）

4．动画是利用快速变换帧的内容而达到运动的效果。 （   ）

5．逐帧动画制作简单，输出的文件小。 （   ）

6．能播放声音的软件都是声音加工软件。 （   ）

7．数字视频编辑素材可以是无伴音的动画 FLC 或 FLI 格式文件。 （   ）

（五）操作题（写出操作要点，记录操作中遇到的问题和解决办法）

1．下载并安装"美图秀秀"软件，说明安装过程。

2. 利用"美图秀秀"将个人证件照的底版颜色由蓝色修改成红色。

3. 利用"迅捷音频转换器"将两个音频文件合并成一个音频文件。

4. 收集相关数字媒体素材，完成《光盘行动》电子相册的制作。

5. 利用 Flash 软件制作一段月牙变成满月的动画。

6. 小组协作：收集班级体育周的相关素材，用视频编辑软件对素材进行加工，完成体育剪影作品，并说明协作的重要性。

四、任务考核

完成本任务学习后达到学业质量水平一的学业成就表现如下。

（1）能编辑处理音频文件。

（2）能编辑处理视频文件。

（3）会制作简单的动画。

完成本任务学习后达到学业质量水平二的学业成就表现如下。

（1）能综合应用音视频文件解决实际问题。

（2）会针对性地选择工具，高效完成音视频编辑任务。

任务 3 制作简单数字媒体作品

◆ **知识、技能练习目标**

1．了解数字媒体作品设计的基本规范；

2．会处理数字媒体素材，制作简单的数字媒体作品。

◆ **核心素养目标**

1．增强信息意识；

2．提高数字化创新能力；

3．强化信息社会责任。

◆ **课程思政目标**

1．遵纪守法、团队合作；

2．自觉践行社会主义核心价值观。

一、学习重点和难点

1．学习重点

（1）熟悉数字媒体作品的创作过程；

（2）数字媒体编辑软件的应用。

2．学习难点

（1）数字媒体作品设计构思；

（2）多种数字媒体编辑软件的应用。

二、学习案例

 案例 1：非线性编辑系统

非线性编辑系统是指把输入的各种音视频信号进行 A/D（模/数）转换或直接从计算机的硬盘中以帧或文件的方式存取素材，进行编辑，并采用数字压缩技术将其存入计算机硬盘中。非线性编辑使用硬盘作为存储介质，记录数字化的音视频信号，由于硬盘可以满足在 1/25s（PAL）内完成任意一幅画面的随机读取和存储，因此可以实现音视频的非线性编辑。非线性编辑的主要目标是对原素材任意部分的随机存取、修改和处理。对视频进行编辑时，素材的长短和顺序可以不按照制作的长短和顺序进行。对素材可以根据需求随意地改变顺序，随意地缩短或加长某一段。

实现非线性编辑要靠软件与硬件的支持，两者构成非线性编辑系统。一个非线性编辑系统从硬件上看，可由计算机、视频卡或 IEEE1394 卡、声卡、高速 AV 硬盘、专用板卡，以及外围设备构成。为了直接处理数字录像机的信号，有的非线性编辑系统还带有 SDI 标准的数字接口，以充分保证数字视频的输入、输出质量。其中视频卡用来采集和输出模拟视频，承担 A/D 和 D/A 的实时转换。从软件上看，非线性编辑系统主要由非线性编辑软件、二维动画软件、三维动画软件、图像处理软件和音频处理软件等外围软件构成。随着计算机硬件性能的提升，视频编辑处理对专用器件的依赖越来越小，软件的作用更加突出。

任何非线性编辑的工作流程都包括素材采集与输入、素材编辑、特技处理、字幕制作、输出与生成 5 部分。

小华在深入思考以下问题：

（1）非线性编辑软件的缺点是什么？

（2）有哪些好用的非线性编辑（简称非线编）软件？

 案例 2：多媒体编辑软件——剪映

小华在实际应用中发现，国外的一些非线编软件功能强大，但是应用复杂，不易上手，对计算机硬件要求较高。通过网上查询，他发现国内的一些编辑软件在性能和使用方面并不比国外的产品差。他找到了一款简单好用，并且功能强大的编辑软件——剪映。

剪映专业版是一款全能易用的桌面端剪辑软件，拥有强大的素材库，支持多视频轨、音频轨编辑，用 AI 为创作赋能，满足多种专业剪辑场景，成为自媒体从业者、视频编辑爱好者和专业人士必不可少的视频编辑工具。

剪映专业版功能特点如下。

（1）简单易用的界面：即便是无经验的视频剪辑新手，也可轻松上手。

（2）专业功能，让创作事半功倍：智能功能，让 AI 为用户的创作赋能，把繁复的操作交给 AI，节约的时间留给创作。

（3）语音识别：支持语音、音乐歌词智能识别，一键添加字幕。

（4）智能踩点：支持一键智能踩点，让视频节奏感更强，配乐操作更高效。

（5）高阶功能：覆盖剪辑全场景，满足用户的各类剪辑需求。

（6）多轨剪辑：支持多视频轨、音频轨编辑，支持多种媒体文件格式，轻松处理复杂编辑项目。

（7）曲线变速：专业变速效果一键添加。

剪映支持的文件格式如下。

视频封装：MOV、MP4、M4V、AVI、FLV、MKV、RMVB

编码格式：H.264/MPEG-4 AVC、H.265（HEVC）、Apple ProRes 422/4444

色彩：支持 Rec. 709/BT.709，目前 HDR 会被转为 SDR 显示

图片：JPEG、PNG

音频：MP3、M4A、WMA、WAV

小华在深入思考以下问题：

（1）剪映和其他多媒体视频编辑软件相比有哪些优势？

（2）如何为视频自动添加字幕？

三、练习题

（一）选择题

1. 下列选项中，（　　）不属于设计数字媒体作品应遵循的规范。

    A. 选题准确、策划到位

    B. 互动有序、体验良好

    C. 色彩搭配合理，具有较高观赏性

    D. 视觉良好、体验效果佳

2．下列选项中，（　　　）不属于会声会影软件工作界面的组成部分。

    A．工具栏　　　　　　　　　　B．布局

    C．预览　　　　　　　　　　　D．媒体素材

3．下列选项中，（　　　）不是会声会影软件支持的视频格式。

    A．MP3　　　　　　　　　　　B．AVI

    C．DVD　　　　　　　　　　　D．FLV

4．"会声会影"中绘图创建器所创建的动画文件的扩展名是（　　　）。

    A．.excel　　　　　　　　　　B．.doc

    C．.uvp　　　　　　　　　　　D．.txt

5．使用会声会影软件将几段视频素材合并成为一个视频作品，主要有以下 4 个操作步骤，正确的顺序是（　　　）。

① 选择"新建项目"选项，完成项目创建；

② 单击"加载媒体"按钮，将视频素材导入素材库中，并将视频素材分别拖到视频轨中；

③ 启动会声会影软件；

④ 选择"完成"菜单中的"创建视频文件"选项，将文件保存为 MPEG 格式。

    A．③②①④　　　　　　　　　B．②①③④

    C．②①④③　　　　　　　　　D．③①②④

6．在"会声会影"中，最多可以添加（　　　）个覆叠轨。

    A．3　　　　　　　　　　　　　B．8

    C．6　　　　　　　　　　　　　D．9

7．在"会声会影"中，转场的默认区间是（　　　）。

    A．3 秒　　　　　　　　　　　B．1 秒

    C．2 秒　　　　　　　　　　　D．5 秒

8．在"会声会影"中，区间的大小顺序是（　　　）。

    A．时分秒帧　　　　　　　　　B．帧时分秒

    C．时分帧秒　　　　　　　　　D．时帧分秒

9．下列描述错误的是（　　　）。

    A．视频素材只能放到视频轨上

    B．色彩是一种素材

    C．不可以在同一个素材上使用多个滤镜特效

    D．声音轨上不可以放置一段音乐

（二）填空题

1. 数字媒体作品的设计思路保持_____和_____。

2. "会声会影"是一款应用广泛的数字_____编辑软件。

3. 在"会声会影"中，时间轴上有_____种轨道。

4. 在"会声会影"中，图像和色彩素材的默认区间是_____秒。

5. 剪映最高支持_____分辨率视频输出。

6. 传统媒体作品缺乏数字媒体作品所拥有的_____、_____等特点。

7. 在"会声会影"中，最多可以添加_____个标题轨。

8. 在"会声会影"中，_____可以删除对比度素材较高的背景。

9. 利用数字媒体技术制作作品是对_____、_____、_____等信息综合处理。

（三）简答题

1. 设计数字媒体作品应遵循哪些规范？

2. 广义捕获素材的含义是什么？

3．导入和添加素材的含义分别是什么？

4．非线性编辑系统的应用领域有哪些？

5．区间与时间码的区别是什么？

6．在视频编辑时，如何激活并预览项目文件？

7．在时间轴视图上，如何启用连续编辑功能？

8．如何打开会声会影软件自带的 PAL 格式的项目文件？如何将此项目文件另存到指定文件夹中？

（四）判断题

1．在"会声会影"中，视频素材可以在覆叠轨和视频轨上使用。　　　　　　　（　　　）

2．在"会声会影"中，不能录音。　　　　　　　　　　　　　　　　　　　（　　　）

3．在"会声会影"中，声音轨上可以放置一段音乐。　　　　　　　　　　　　（　　　）

4．在"会声会影"中，可以导入视频、图片和音乐。　　　　　　　　　　　　（　　　）

5．在"会声会影"中，色彩素材不可以在覆叠轨上使用。　　　　　　　　　　（　　　）

6．在"会声会影"中，不可以在同一个素材上使用多个滤镜特效。　　　　　　（　　　）

7．在"会声会影"中，可以导入新的转场效果。　　　　　　　　　　　　　　（　　　）

8．在"会声会影"中，图片素材只能在视频轨上使用。　　　　　　　　　　　（　　　）

（五）操作题（写出操作要点，记录操作中遇到的问题和解决办法）

1．尽可能地收集数字媒体制作工具，试用后评价各种工具。

2．使用 PowerPoint 制作配有音乐和文字的毕业纪念册。

3．使用"会声会影"制作计算机专业宣传册。

4．下载"剪映"，并使用该软件合并多段视频，输出一个 MP4 格式的文件。

5．使用会声会影软件制作"四季变换"视频，实现以不同转场依次展示若干幅四季风景图像的效果，并添加标题和音乐。

四、任务考核

完成本任务学习后达到学业质量水平一的学业成就表现如下。

（1）了解数字媒体创作规范，会针对特定主题设计数字媒体作品框架。

（2）会使用工具制作简单的数字媒体作品。

完成本任务学习后达到学业质量水平二的学业成就表现如下。

（1）能够较熟练使用多种编辑工具。

（2）能根据不同需求制作水平较高的数字媒体作品。

任务 4　初识虚拟现实与增强现实技术

◆　**知识、技能练习目标**

1. 初步了解虚拟现实与增强现实技术；
2. 会使用虚拟现实与增强现实技术工具，体验应用效果。

◆　**核心素养目标**

1. 增强信息意识；
2. 提高数字化学习与创新能力；
3. 强化信息社会责任。

◆　**课程思政目标**

1. 培养理想信念坚定、专业素质过硬的人才；
2. 注重引导学生树立正确的价值观。

一、学习重点和难点

1. 学习重点
（1）虚拟现实技术的概念；
（2）增强现实技术的概念。
2. 学习难点
（1）虚拟现实技术设备的使用；
（2）制作增强现实技术作品。

二、学习案例

案例 1：5G 下的虚拟现实技术

随着 5G 移动网络的应用普及，中国移动、中国联通、中国电信都尝试开发更多的 VR 数据包，5G 时代将为虚拟现实行业带来更多的机遇和挑战。5G 网络比 4G 网络的传输速率高数百倍，因此，VR 有望成为 5G 的重要业务，会像互联网一样渗透到人们生活的方方面面。

从技术上看，5G的高速率、大带宽、低延时会在很大程度上优化VR体验，使内容形态多样化，让体验者可以身临其境地进入任何一个虚拟空间，只要脑洞够大，那些本来只是虚无缥缈的世界都可以真实感受到。5G技术让智能的万物互联，实现了大规模机器间的相互通信，将为人们带来不同领域的全新体验。

小华对5G概念有基本认识，但他在深入思考以下问题：

（1）5G环境下VR体验设备的技术问题能否得到彻底解决？

（2）如何利用5G网络的超高带宽和网速来实现虚拟现实现场直播？

 案例2：AR实景导航

AR实景导航是利用手机中的北斗系统及AR技术设计的Android手机汽车导航系统，直观显示街面实景，免除驾驶人对应地图与周围道路的负担，驾驶人目视导航画面时，也不会遗漏车况而影响行车安全。

AR实景导航大幅降低驾驶人对传统2D电子地图的读图成本，辅助驾驶人在转向、变换车道等多种关键场景，能更快更准确地做出动作决策。

基于对AR实景导航的基本认识，小华在深入思考以下问题：

（1）AR实景导航解决了哪些问题？

（2）AR实景导航存在哪些局限性？

三、练习题

（一）选择题

1. 下列选项中不属于虚拟现实技术特点的是（　　　）。

    A. 沉浸性　　　　　　　　　　B. 虚拟性

    C. 交互性　　　　　　　　　　D. 想象性

2. 下列选项中不属于虚拟现实系统组成部分的是（　　　）。

    A. 计算机系统　　　　　　　　B. 虚拟现实交互设备

    C. 虚拟现实工具软件　　　　　D. 虚拟现实硬件设备

3. 下列选项中不属于虚拟现实技术应用领域的是（　　　）。

    A. 医疗　　　　　　　　　　　B. 军事与航空航天

    C. 电子商务　　　　　　　　　D. 影视娱乐业

4．下列选项中描述错误的是（　　　）。

    A．增强现实技术与虚拟现实技术对沉浸感的要求不同

    B．增强现实技术可降低虚拟现实技术建立逼真虚拟环境时对计算机能力的苛刻要求，在一定程度上降低人与环境交互的要求

    C．增强现实技术与虚拟现实技术的应用领域类似

    D．虚拟现实需要通过对虚拟空间的设置来实现虚拟图像的呈现

5．下列选项中不属于增强现实技术应用领域的是（　　　）。

    A．军事　　　　　　　　　　　B．医疗

    C．教育　　　　　　　　　　　D．电子商务

6．下列选项中属于增强现实技术具体应用的是（　　　）。

    A．实时传递火炬　　　　　　　B．Faceu 通过对人脸实时追踪

    C．谷歌开发的 Ingress　　　　D．远程操控手术

7．下列选项中不属于虚拟现实技术在医学方面应用的是（　　　）。

    A．手术模拟、人体器官学习　　B．构建虚拟三维人体模型

    C．远程指导手术　　　　　　　D．心理治疗

8．下列选项中，（　　　）不是增强现实技术产生和发展的原因。

    A．设备价格昂贵

    B．数据量巨大

    C．人机交互难以实现

    D．三维建模烦琐

（二）填空题

1．_____是虚拟现实技术最重要的特征。

2．一般的虚拟现实系统主要由_____、_____、_____、_____等组成。

3．VR 系统中常用的立体显示设备可分为_____、_____和_____。

4．将真实与虚拟的物体叠加在同一幅画面，具有虚实结合和实时交互特点的是_____。

5．虚拟现实技术的 3 个特征，分别是_____、_____、_____。

6．将虚拟现实技术应用于技能培训，可以强化_____能力。

7．增强现实技术是强化真实世界信息和虚拟世界信息内容之间_____能力的新技术。

8．在教育领域，增强现实技术能够真正实现"_____"。

（三）简答题

1．虚拟现实技术的研究目标是什么？

2．虚拟现实技术与增强现实技术的区别是什么？

3．发展虚拟现实技术的目的是什么？

4．增强现实技术的应用有哪些？

5. 谈谈虚拟现实技术在教育和培训行业的应用。

6. 虚拟现实技术在医学领域的应用有哪些？

（四）判断题

1. 虚拟现实技术是随着增强现实技术的发展而产生的。 （　　）
2. 与虚拟现实技术相比，增强现实技术的应用范围更加广泛。 （　　）
3. 虚拟现实技术不仅可以使用户感知虚拟对象，还能感知外部真实场景。 （　　）
4. 增强现实技术是虚拟现实技术的一个重要分支。 （　　）
5. 虚拟现实技术可以提高用户对现实世界的感知能力。 （　　）
6. 虚拟现实技术和增强现实技术是当代多媒体技术的典型代表。 （　　）
7. 虚拟现实技术清除了增强现实技术将用户与现实环境隔离等弊端。 （　　）
8. 虚拟现实技术的沉浸感来源于对虚拟世界的多感知性。 （　　）
9. 虚拟商城是虚拟现实技术在电子商务领域应用的体现。 （　　）
10. 增强现实技术可用于心理治疗。 （　　）

（五）操作题（写出操作要点，记录操作中遇到的问题和解决办法）

1. 利用"神奇AR"软件自己制作一个AR作品。

2．上网查询目前虚拟现实技术有哪些设备，说说未来可能出现哪些设备？

3．上网收集虚拟现实技术的应用案例，说说未来应用的发展趋势。

4．上网收集增强现实技术的应用案例，说说 AR 技术的社会价值。

四、任务考核

完成本任务学习后达到学业质量水平一的学业成就表现如下。

（1）能了解虚拟现实技术与增强现实技术的概念。

（2）会区分虚拟现实技术与增强现实技术。

完成本任务学习后达到学业质量水平二的学业成就表现如下。

（1）会使用简单的 VR 设备。

（2）会制作简单的 AR 作品。

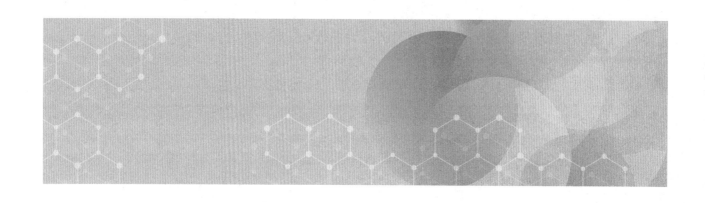

第7章　信息安全基础

本章共分 2 个任务，任务 1 是信息安全基础知识练习，帮助学生全面了解信息安全常识，认知信息安全面临的威胁，充分认识信息安全的重要意义，进而提升信息安全防护意识。任务 2 是与网络攻击有关的知识和技能练习，帮助学生了解恶意攻击信息系统的形式和特点，掌握常用的信息安全防范措施，树立良好的信息安全观。

任务 1　了解信息安全常识

◆　**知识、技能练习目标**

1. 了解信息安全的基本知识与现状；
2. 了解信息安全相关的法律、法规，具备信息安全和隐私保护意识。

◆　**核心素养目标**

1. 增强信息安全意识；
2. 树立遵纪守法观念；
3. 强化信息社会责任。

◆　**课程思政目标**

1. 遵纪守法、文明守信；
2. 自觉践行社会主义核心价值观。

一、学习重点和难点

1. 学习重点

（1）信息安全基础知识；

（2）网络钓鱼的常见方式；

（3）网络安全法律、法规。

2. 学习难点

（1）信息安全威胁识别；

（2）防范网络钓鱼的常用措施。

二、学习案例

 案例 1：网络钓鱼

小华近日收到陌生号码发来的短信，短信内容大致为小华中奖了，奖品为某品牌笔记本电脑一台，需要打开一个网址领取奖品。小华将信将疑，经过了解，此短信为钓鱼短信。诈骗分子冒充官方机构向机主发送钓鱼网站链接，诱导机主进入钓鱼网站，骗取其姓名、身份证号码、银行账号、银行卡绑定的手机号及密码（支付密码、短信验证码、银行卡 CVV 码等）。如果骗子同时获取这 5 项信息，就能转走机主账户内资金。这就是一种常见的网络钓鱼。

网络钓鱼还会通过即时聊天工具或网页发布的低价促销、免担保贷款、高额兼职及中奖等信息，诱导用户支付服务费、税款及邮费。大家要对这些信息提高警惕，以免上当受骗。

假冒网站也是网络钓鱼的常用工具。不法分子用于网络钓鱼的假冒网站与被仿冒的对象非常相似，从界面上看很难分辨，但域名无法仿冒，通过域名可分辨真伪。工信部在《关于加强互联网站备案管理的工作方案》中要求合法网站进行相关信息备案，大家可以通过 IP 地址、域名信息来辨别真伪。

小华在深入思考以下问题：

（1）网上购物时如何防范网络钓鱼？

（2）个人计算机该如何避免网络钓鱼攻击？

案例 2：攻击学校服务器

近日，小华的同学因为入侵学校数据库，修改个人成绩被学校处分了。小华了解到该同学上学期期末考试有 5 个科目成绩不及格，因为担心考试成绩影响毕业，遂通过技术手段获取老师的工作账号及密码，登录了学校的教务管理系统，对自己不及格的科目成绩进行了修改，使其全部成绩都在合格线以上。学校在整理学生成绩时发现该同学的成绩在没有任何理由的情况下发生了变动，并且 5 科成绩同时变动，觉得该情况可疑。经过班主任的约谈，该同学承认了自己的违纪事实。学校根据学生违纪处分办法，通报了最终的处分决定。

为杜绝此类事件的发生，学校已经更新了认证系统，增加通过短信重置密码的功能，对超过半年没有修改密码的账号强制修改密码。

小华在深入思考以下问题：

（1）危害信息安全的不法行为可能带来什么危害？

（2）日常学习生活中如何正确使用账号和密码？

三、练习题

（一）选择题

1. 用户收到了一封可疑的电子邮件，要求其提供银行账号和密码，这是属于（   ）攻击手段。

    A．缓冲区溢出   B．网络钓鱼

    C．后门   D．DDOS

2. 下列防范电子邮箱入侵的措施中不正确的是（   ）。

    A．不用出生日期做密码

    B．自己搭建服务器

    C．不用纯数字做密码

    D．不用少于 5 位的密码

3. 网络钓鱼攻击是（   ）。

    A．网络上的钓鱼休闲活动

    B．挖掘比特币

    C．网络购物

    D．网络诈骗活动

4．钓鱼攻击常用的手段是（　　　）。

    A．利用虚假的电子商务网站　　　B．利用垃圾邮件

    C．利用带有木马的二维码　　　　D．以上都是

5．计算机网络管理日趋（　　　）。

    A．简单化　　　　　　　　　　　B．复杂化

    C．程序化　　　　　　　　　　　D．规范化

6．0day 漏洞是（　　　）。

    A．由软件厂商发布补丁后按时间排序第 0 天

    B．由软件厂商发布补丁后按时间排序第 1 天

    C．著名漏洞公司零日公司捕获并发布的漏洞

    D．未被公开且没有补丁的漏洞

7．网络安全主要涉及（　　　）。

    A．信息存储安全　　　　　　　　B．信息传输安全

    C．信息应用安全　　　　　　　　D．以上都是

8．下列关于恶意代码描述错误的是（　　　）。

    A．恶意代码的主流是木马

    B．恶意代码的自我保护能力增强

    C．恶意代码黑色产业链逐步形成

    D．恶意代码对计算机网络影响不大

（二）填空题

1．_____是指信息不会被故意或偶然地非法泄露、更改、破坏，不会被非法辨识、控制，人们能安全、有序地使用信息。

2．法律规范主体违反法律规范的规定后，应当承担的责任大体分为_____、_____和_____。

3．从系统整体看，出现安全"漏洞"的主要原因包括_____和_____两大因素。

4．_____在恶意代码中占绝大多数。

5．2017 年互联网出现针对 Windows 操作系统的勒索软件攻击，该软件是利用_____服务漏洞进行的。

6．完整的木马程序一般由两部分组成，分别是服务器端和_____。

（三）简答题

1. 网络恶意代码增加自我保护机制的目的是什么？

2. 什么是垃圾邮件？如何防范垃圾邮件？

3. 信息安全控制包含哪些层面的内容？

4. 如何防范网络钓鱼？

5．危害信息安全的不法行为可能带来哪些危害？

（四）判断题

1．信息安全关系国家安全、社会稳定和民族文化传承。　　　　　　　（　　　）

2．信息安全是一门综合性学科，内容广泛且技术复杂。　　　　　　　（　　　）

3．当前网络安全形势比较乐观，数据泄露不严重。　　　　　　　　　（　　　）

4．木马制造者通过盗取互联网上有价值的信息并转卖获利。　　　　　（　　　）

5．"挂马"就是黑客通过各种手段获取管理员账号，修改网页并加入恶意转向代码，使访问者进入网站后自动进入转向地址或下载恶意代码。　　　　　　　　　（　　　）

6．恶意代码很容易被杀毒软件查杀。　　　　　　　　　　　　　　　（　　　）

7．计算机网络活动中实施危害行为可能承担刑事责任。　　　　　　　（　　　）

8．计算机网络用户不必遵纪守法。　　　　　　　　　　　　　　　　（　　　）

（五）操作题（写出操作要点，记录操作中遇到的问题和解决办法）

1．简单列出识别钓鱼网站的方法。

2．写出 Windows 的 MS17-010 漏洞防范措施。

3．写出查询正确域名的步骤。

4．写出清除浏览器 Cookie 内容的步骤。

5．收集信息安全典型案例，说明出现危害信息安全的原因，提出有针对性的防范策略。

四、任务考核

完成本任务的学习后达到学业质量水平一的学业成就表现如下。

（1）能说明网络钓鱼攻击的主要形式。

（2）能够防范网络钓鱼攻击。

完成本任务的学习后达到学业质量水平二的学业成就表现如下。

（1）能有针对性分析信息系统面临的安全风险。

（2）能够正确使用个人账号密码。

任务 2　防范信息系统恶意攻击

◆　**知识、技能练习目标**

1．了解黑客攻击的一般步骤；

2．了解勒索病毒的危害，掌握防范勒索病毒的常用措施。

◆　**核心素养目标**

1．增强网络安全意识；

2．树立遵纪守法观念；

3．强化信息社会责任。

◆　**课程思政目标**

1．遵纪守法、明理守信；

2．自觉践行社会主义核心价值观。

一、学习重点和难点

1．学习重点

（1）网络攻击的一般步骤；

（2）勒索病毒的危害和防范措施。

2．学习难点

（1）防范网络攻击的步骤；

（2）防范勒索病毒措施。

二、学习案例

 案例 1：黑客入侵

小华在使用个人计算机时发现用户列表中多了个名为"hacker"奇怪账户，他清楚记得没有建立过这个账户。通过了解得知，他的计算机被黑客攻击了，黑客创建了后门用户，用于下一次访问。

小华查找了相关资料，了解到一次成功的黑客攻击包含 5 个步骤：搜索、扫描、获取权限、保持连接和消除痕迹。

（1）搜索。

搜索可能是耗费时间最长的阶段，有时会持续几个星期甚至几个月。黑客利用各种渠道尽可能地了解要攻击的计算机，包括互联网搜索、垃圾数据搜寻、域名管理/搜索服务、发侵入性的网络扫描等。

（2）扫描。

一旦黑客对要入侵的计算机的具体情况有了足够的了解，就会对周边和内部网络设备进行扫描，以寻找潜在的漏洞，其中包括开放的端口、开放的应用服务、操作系统在内的应用漏洞、保护性较差的数据传输、局域网/广域网设备的品牌和型号。

（3）获得权限。

黑客获得连接的权限就意味着实际攻击已经开始。通常情况下，他们选择的目标可以为其提供有用信息或可以作为攻击其他目标的起点。在这两种情况下，黑客都必须取得一台或多台网络设备某种类型的访问权限。

（4）保持连接。

为了保证攻击的顺利完成，黑客必须保持连接的时间足够长。攻击到达这一阶段也就意味着成功地规避了系统的安全控制措施。

（5）消除痕迹。

在实现攻击的目的后，黑客通常会采取各种措施隐藏入侵的痕迹，并为今后可能的访问留下控制权限。

小华在深入思考以下问题：

（1）如何尽量避免计算机系统信息泄露？

（2）如何知道个人计算机受到黑客攻击？

 案例 2：勒索病毒及其防御

近日，小华的表哥跟小华诉苦，他就职的金融投资公司突然遭受网络攻击，计算机系统全部瘫痪，数据都被恶意加密，黑客只留下一封电子邮件："要想恢复数据，请交 100 万元赎金，否则就公布贵公司所有商业机密。"小华通过向学校的信息技术老师请教，了解到这是典型的勒索病毒攻击，黑客通过攻击技能获取敏感信息，从而勒索巨额钱财。

用户一旦打开勒索病毒文件，即会连接黑客的服务器，进而上传本机信息并下载加密公钥和私钥。然后，黑客将加密公钥和私钥写入注册表中，遍历本地所有磁盘中的 Office 文档、图片等文件，对这些文件进行格式篡改和加密。加密完成后，会在桌面等明显位置生成勒索提示文件，指导用户缴纳赎金。

勒索病毒的主要攻击方式有系统漏洞攻击、远程弱口令攻击及钓鱼邮件攻击等。

勒索病毒危害极大，防御措施包括以下 7 个。

（1）定期对操作系统与应用软件进行漏洞扫描，及时更新补丁或升级应用软件，密切关注漏洞平台发布的预警信息。

（2）开启操作系统自带的防火墙，开放业务端口。在局域网中，操作系统自带的防火墙作为最后一道防线发挥着非常重要的作用，可以拦截大部分木马、蠕虫和勒索病毒等。

（3）定期进行弱口令检查，设置在连续输入密码错误后锁定账户或封禁 IP 继续登录，防止暴力破解。

（4）定期检查特殊账户，删除或禁用过期、空口令账户。

（5）开启日志审计功能，用户日志保留半年以上。

（6）备份重要文件，建议采用本地备份、脱机隔离备份及云端备份等方式对重要文件共同备份。

（7）安装基于主机入侵检测系统或杀毒软件。

小华在深入思考以下问题：

（1）如何设置系统用户密码才能防止暴力破解？

（2）常用的杀毒软件有哪些？

三、练习题

（一）选择题

1. 下列关于用户密码说法正确的是（　　）。

    A．不用出生日期做密码

    B．复杂密码安全性较高

    C．密码认证是常见的认证机制

    D．以上都对

2. 黑客是指（　　）。

    A．计算机入侵者   B．网站维护者

    C．利用病毒破坏计算机的人   D．穿黑色衣服的客人

3. 入侵检测的核心是（　　）。

    A．信息收集   B．信息分析

    C．入侵防护   D．检测方法

4. "WannaCry" 勒索病毒利用（　　）端口进行传播。

    A．80   B．3391

    C．445   D．8080

5. 下列主机预防感染勒索病毒的做法不正确的是（　　）。

    A．尽量不开放 3389 端口

    B．定期扫描漏洞，并及时修复

    C．使用杀毒软件定时扫描

    D．只要对重要数据文件定期进行非本地备份，就能防护勒索病毒

6. 黑客攻击主机可能利用（　　）。

    A．Windows 漏洞   B．用户弱口令

    C．缓冲区溢出   D．以上都是

7. （　　）不是常用的网络扫描工具。

    A．Nmap   B．Nessus

    C．fping   D．Baidu

8．网络后门的功能是（　　）。

A．保持对目标主机长期控制　　B．方便下次直接进入

C．持续获取用户隐私　　D．以上都是

（二）填空题

1．_____是指对网络安全活动进行识别、记录、存储和分析，以查证是否发生安全事件的一种安全技术。

2．_____负责统筹协调网络安全工作和相关监督工作。

3．_____负责对信息系统等级保护工作的监督。

4．黑客的网络攻击包含_____、_____、_____、_____、_____等 5 个阶段。

5．处于未被公开状态的漏洞被称为_____漏洞。

6．常见的计算机病毒传播途径有_____、_____、_____、_____。

7．数据备份常用方式有_____、_____和_____。

8．计算机病毒的特点有_____、_____和_____。

（三）简答题

1．黑客危害行为的主要表现形式有些？

2．黑客成功获取目标系统权限后，如何保持与攻击目标连接？

3. 如何才能尽早发现自己的网络遭受到了攻击？

4. 如何备份重要文件以避免勒索病毒攻击？

5. 恶意代码查杀软件的优缺点有哪些？

（四）判断题

1. 黑客是专门入侵他人系统进行不法行为的人。　　　　　　　　　（　　）
2. 非法入侵机密系统可能危害国家安全或造成重大经济损失。　　　（　　）
3. 获取可疑 IP 是追踪入侵行为的重要一步。　　　　　　　　　　（　　）
4. 黑客成功获取目标系统后，不需要保持连接。　　　　　　　　　（　　）
5. 担任与计算机网络安全工作有关的职务，没有严格的时限。　　　（　　）
6. 网络监听是一种被动的网络攻击方式。　　　　　　　　　　　　（　　）
7. IP 地址不能修改。　　　　　　　　　　　　　　　　　　　　（　　）
8. 增加用户密码的复杂度能有效防止暴力破解。　　　　　　　　　（　　）
9. 勒索病毒加密的文件很容易解密。　　　　　　　　　　　　　　（　　）

（五）操作题（写出操作要点，记录操作中遇到的问题和解决办法）

1．关闭 Windows 系统的 445 端口。

2．查询系统开放的端口。

3．使用"360 安全卫士"清除木马。

4．查询 Windows 系统用户。

5．写出设置 Windows10 密码复杂度策略。

6．使用不同恶意代码查杀软件查杀同一对象，分析查杀结果。

四、任务考核

完成本任务学习后达到学业质量水平一的学业成就表现如下。

（1）能清晰说明黑客网络攻击的一般步骤。

（2）能举例说明防范恶意攻击的基本方法。

完成本任务学习后达到学业质量水平二的学业成就表现如下。

（1）能分析勒索病毒的危害。

（2）能有效预防勒索病毒攻击。

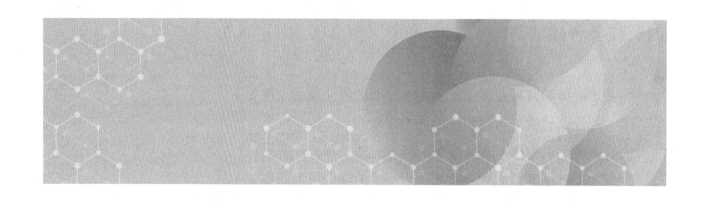

第8章 人工智能初步

本章共分 2 个任务，任务 1 帮助学生全面了解人工智能的基本概念，认知人工智能的基本规则、原理，理解人工智能在现实社会中的具体应用，提升人工智能应用的意识。任务 2 帮助学生了解机器人的形式和特点，理解机器人帮助人类工作的重要意义。

任务 1 初识人工智能

◆ **知识、技能练习目标**

1．了解人工智能的相关概念，识别常用的人工智能应用和场景；

2．了解人工智能的发展史；

3．了解人工智能的基本原理。

◆ **核心素养目标**

1．增强信息意识；

2．发展计算思维；

3．强化信息社会责任。

◆ **课程思政目标**

1．遵纪守法，文明守信；

2．自觉践行社会主义核心价值观。

一、学习重点和难点

1．学习重点

（1）人工智能对社会发展的影响；

（2）人工智能应用；

（3）人工智能基本原理。

2．学习难点

（1）人工智能的工作流程；

（2）人工智能应用体验。

二、学习案例

 案例 1：短视频应用

小华平时喜欢在手机上看短视频，他发现短视频 APP 非常智能，好像知道他需要什么一样，经常推荐一些他喜欢看的内容。这些 APP 还可以按地理位置、职业、爱好等推荐短视频，用户发布短视频时还能自动识别短视频的内容，自动配上合适的音乐。小华发现自己已经离不开这些 APP 了，每天花大量时间在这些 APP 上，学习成绩下降，视力也大不如前。

小华在深入思考以下问题：

（1）为什么短视频 APP 能够推荐用户喜爱的内容？用了什么人工智能技术？

（2）用户为什么容易沉迷短视频 APP？你可以给沉迷者提什么建议？

 案例 2：自动驾驶

小华对自动驾驶感兴趣，他了解到自动驾驶汽车依靠人工智能、视觉计算、雷达、监控装置和全球定位系统协同合作，让计算机可以在没有任何人类主动操作下，自动安全地操控车辆。通过采集视频摄像头、雷达传感器及激光测距器来分析周围的交通状况，依托地图（通过有人驾驶汽车采集的地图）对前方的道路进行导航。目前做得比较好的公司有特斯拉、百度等。尽管自动驾驶大大方便了人们的出行，可也带来了新的安全问题，例如，在自动驾驶行车过程中发生交通事故，责任如何鉴定等。

小华在深入思考以下问题：

（1）自动驾驶涉及人工智能哪些领域？

（2）视觉感知和雷达感知在自动驾驶中扮演什么角色？

（3）怎样鉴定自动驾驶过程中发生交通事故的责任？

三、练习题

（一）选择题

1. 下列不属于人工智能特点的是（　　）。

    A．智能性　　　　　　　　　B．不可预测

    C．自主学习　　　　　　　　D．自动推理

2. 下列不属于人工智能常见应用场景的是（　　）。

    A．使用网络　　　　　　　　B．无人驾驶

    C．机器翻译　　　　　　　　D．扫地机器人

3. 人工智能是一门（　　）。

    A．数据和生理学　　　　　　B．心理学和生理学

    C．语言学　　　　　　　　　D．综合性的交叉学科和边缘学科

4. 下列不属于人工智能研究基本内容的是（　　）。

    A．机器感知　　　　　　　　B．机器学习

    C．自动化　　　　　　　　　D．机器思维

5. 人工智能的目的是让机器能够（　　），以实现某些脑力劳动的机械化。

    A．模拟、延伸和扩展人的智能　B．具有完全的智能

    C．和人脑一样考虑问题　　　D．完全代替人

6. 下列属于计算机视觉范畴的是（　　）。

    A．图像处理　　　　　　　　B．地理定位

    C．计算机维修　　　　　　　D．声音识别

7. 机器学习是以数据为研究对象，是（　　）驱动的科学。

    A．数据　　　　　　　　　　B．机器人

    C．算法　　　　　　　　　　D．情景

8. 智能音箱主要使用了下列哪个人工智能的技术。（　　）

    A．图像感知　　　　　　　　B．物理定位

    C．雷达扫描　　　　　　　　D．语言识别

9. 机器学习的研究对象是（　　）。

    A．多维向量空间的数据　　　B．机器维修

    C．图像识别　　　　　　　　D．数据统计

（二）填空题

1. 人工智能是通过_____、延伸和增强人类改造自然和治理社会能力的科学与技术。

2. 人工智能的英文缩写是_____。

3. _____、_____、_____、_____、和_____是人工智能研究的重要领域。

4. 人工智能技术本质上是以_____为核心，辅以计算机技术的产品。

5. 人工智能可以分为强人工智能和_____。

6. 强人工智能有_____的人工智能和_____的人工智能。

7. 机器学习可以分为有监督学习、_____、半监督学习和_____。

8. 机器学习三要素包括模型、策略和_____。

9. 机器学习的目的是对数据进行预测与_____。

（三）简答题

1. 简述人工智能的基本原理。

2. 简述人工智能的研究领域。

3. 简述人工智能的应用场景。

4．畅想未来，描述人工智能成熟发展后的人类社会生活。

5．简述人工智能的基本工作流程。

6．谈谈你使用过哪些人工智能产品，有什么优点？

7．简述人工智能、机器学习和深度学习的关系。

（四）判断题

1. 人工智能是计算机科学的一个分支。　　　　　　　　　　　　（　　）
2. 人工智能能够模拟人的某些思维过程和智能行为。　　　　　　（　　）
3. 人工智能正由弱人工智能向强人工智能迈进。　　　　　　　　（　　）
4. 自动批改作业不属于人工智能的应用。　　　　　　　　　　　（　　）
5. 人工智能属于交叉学科。　　　　　　　　　　　　　　　　　（　　）
6. 机器学习不需要统计学知识。　　　　　　　　　　　　　　　（　　）
7. 苹果手机的 Siri 不属于人工智能的应用。　　　　　　　　　　（　　）
8. 现在语言翻译机器的使用范围越来越大。　　　　　　　　　　（　　）

（五）操作题（写出操作要点，记录操作中遇到的问题和解决办法）

1. 收集相关资料，举例说明强人工智能遇到的伦理和法律上的挑战？

2. 收集相关资料，举例说明人工智能的常用算法？

3．收集智能家居设备资料，试搭建功能齐全的智能生活环境。

4．体验自动驾驶汽车，说明可能出现的问题，提出有针对性的防范策略。

5．与计算机象棋对弈，分析输赢原因。

6．收集人工智能应用出现的问题，说说人工智能应用应遵循的伦理道德。

四、任务考核

完成本任务学习后达到学业质量水平一的学业成就表现如下。

（1）能清晰说明人工智能的基本原理。

（2）能识别人工智能的应用。

（3）能利用成熟的人工智能工具学习与工作。

（4）能清晰说明人工智能的常用感知设备。

完成本任务学习后达到学业质量水平二的学业成就表现如下。

（1）了解与本人专业相关的人工智能应用内容。

（2）了解人工智能应用发展中存在的问题。

任务 2　认识机器人

◆　**知识、技能练习目标**

1．了解机器人的概念；

2．了解机器人技术的发展与应用。

◆　**核心素养目标**

1．提高数字化学习能力；

2．强化信息社会责任。

◆ **课程思政目标**

1. 了解我国机器人制造的前沿技术，增加自豪感；
2. 了解我国机器人发展潜力，增强使命感。

一、学习重点和难点

1. 学习重点

（1）机器人的定义、特征；

（2）机器人的发展与分类；

（3）机器人在人们生产与生活中的具体应用。

2. 学习难点

（1）机器人应用对社会发展的影响；

（2）机器人控制的基本知识。

二、学习案例

案例 1：机器人"服务员"

周末，小华一家人去餐馆吃饭，他看到这家餐馆用机器人"服务员"担任送菜的工作，几台头顶服务员帽子的送餐机器人快速、准确地为客人送上热汤热菜，他觉得非常好奇，想知道机器人怎么做到完美地避开障碍物将菜送到指定的桌子，机器人难道也有眼睛和耳朵？

小华在深入思考以下问题：

（1）送餐机器人怎么"听到"指令，"看到"路，从而避开障碍物，将菜送到指令的位置？

（2）机器人在生活中除送餐外还能做什么工作呢？

（3）送餐机器人属于哪种机器人？还有哪些种类的机器人？

案例 2：无人机的应用

小华最近迷上了空中摄影，他利用暑假时间在家乡拍了大量风景照片。有一天他想给家乡的小河拍一组空中鸟瞰图，他尝试使用一台无人机进行摄影，通过学习，他慢慢掌握了无人机的使用技巧。通过使用无人机，小华成功地拍摄了一组家乡高空视角照片。通过无人机的视角，小华重新认识了家乡的每个角落，他彻底地迷上了无人机摄影这种新的拍摄方式。

小华在深入思考以下问题：

（1）无人机算不算是机器人的一种？

（2）无人机除高空拍摄外，还能为人们做哪些工作？

三、练习题

（一）选择题

1. 工业机器人被广泛地应用于（　　）等工业领域。

    A. 电子、化工、物流　　　　　B. 机械、制造、航运

    C. 传输、航天、制造　　　　　D. 电子、化工、船运

2. 下列不属于机器人先后演进的是（　　）。

    A. 遥控操作器　　　　　B. 程序执行器

    C. 智能机器人　　　　　D. 传感器

3. 机器人是一种具有一些人或其他生物相似的智能能力的具有高度（　　）的机器。

    A. 自控力、网络化　　　　　B. 灵活性、自动化

    C. 编程能力、自动化　　　　　D. 灵活性、网络化

4. 机器人具有一定程度的智能化的特征，包括（　　）特征。

    A. 记忆、感知、推理、决策、学习

    B. 灵活性、自动化、推理、决策、学习

    C. 推理、决策、学习、网络

    D. 记忆、感知、推理、灵活性、自动化

5. 从技术视角看，机器人系统不包括（　　）。

    A. 遥控部分　　　　　B. 智能控制

    C. 信息感知　　　　　D. 执行机构

6. 下列不属于陆地机器人的是（　　）机器人。

    A. 履带式　　　　　B. 浮游式

    C. 轮式　　　　　D. 足式

7. 按照国际机器人联合会（IFR）的机器人分类方法，将机器人分成（　　）。

    A. 服务机器人和智能机器人

    B. 人工控制机器人和自动控制机器人

    C. 特殊机器人和正常机器人

    D. 工业机器人和服务机器人

8．智能机器人至少应具备（　　　）种机能。

A．3　　　　　　　　　　　　B．4

C．5　　　　　　　　　　　　D．6

9．工业机器人的涵盖面很广，根据其用途和功能，可分为（　　　）四大类。

A．加工、焊接、运输、数据分析

B．加工、装配、搬运、包装

C．焊接、装配、运输、机械

D．装配、焊接、数据分析、运输

（二）填空题

1．机器人是_____应用的一个重要载体。

2．工业机器人是广泛用于_____的_____机械手或_____的机械装置。

3．工业机器人被广泛地应用于_____、_____、_____等各个工业领域。

4．根据机器人目前的控制系统技术水平，一般可以分成_____（第一代）、_____（第二代）、_____（第三代）。

5．机器人感知系统包括_____传感器和_____传感器2类。

6．足式机器人可以模仿_____行走，缺点是行进_____较低，结构重心不稳。

7．约瑟夫·恩格尔伯格对世界机器人工业的发展作出了杰出的贡献，被称为_____。

8．1978年，美国Unimation公司推出通用工业机器人，应用于_____，这标志着工业机器人技术已经完全成熟。

9．2003年，德国库卡（KUKA）公司开发出第一台_____机器人Robocoaster。

（三）简答题

1．机器人与人工智能的关系是什么？

2．机器人的定义是什么？机器人如何体现人工智能的特点？

3．未来会有哪些危险和繁重工作可以由机器人来完成？

4．在国际机器人联合会的分类中，工业机器人可分为哪几类？

5．常见的机器人有哪些。

6. 简述机器人感知的基本原理。

7. 机器人具有与人或其他生物相似的智能能力，包括哪些能力？

8. 未来机器人会往哪几个方面发展？

（四）判断题

1. 机器人可代替或协助人类完成所有工作。 （　　）
2. 机器人是人工智能应用的一个重要载体。 （　　）
3. 机器人技术代表一个国家的高科技发展水平。 （　　）
4. 工业机器人在搬运、装配、加工、包装和酒店服务等方面被广泛使用。 （　　）
5. 扫地机器人是服务机器人的一种。 （　　）
6. 用于医疗的机器人不能进行临床手术操作。 （　　）
7. 目前，机器人获得信息可以通过传感器，但它们的传感器远没有达到人类的感知水平。
（　　）

（五）操作题（写出操作要点，记录操作中遇到的问题和解决办法）

1．上网收集智能机器人的最新报道，说说智能机器人的发展动态。

2．收集工业机器人的应用案例，分析使用机器人和不使用机器人的差别。

3．收集家用机器人的应用案例，说说未来家用机器人的发展趋势。

4．上网收集几家我国生产无人机的公司资料，并列举出它们的名称及其优势与不足。

5．收集机器人传感器的应用资料，说说传感器的作用。

6．收集机器人程序设计语言的相关资料，对比分析不同语言之间的差别。

四、任务考核

完成本任务学习后达到学业质量水平一的学业成就表现如下。

（1）能清晰列举机器人可代替或协助人类完成的工作。

（2）能清晰说明机器人发展的过程。

（3）能说明工业机器人与服务机器人的区别。

完成本任务学习后达到学业质量水平二的学业成就表现如下。

（1）能够说出本专业常用机器人的基本操作方法。

（2）能结合身边实际案例分析机器人对人类未来发展起到的重要作用，以及机器人技术的发展方向。

反侵权盗版声明

电子工业出版社依法对本作品享有专有出版权。任何未经权利人书面许可，复制、销售或通过信息网络传播本作品的行为；歪曲、篡改、剽窃本作品的行为，均违反《中华人民共和国著作权法》，其行为人应承担相应的民事责任和行政责任，构成犯罪的，将被依法追究刑事责任。

为了维护市场秩序，保护权利人的合法权益，我社将依法查处和打击侵权盗版的单位和个人。欢迎社会各界人士积极举报侵权盗版行为，本社将奖励举报有功人员，并保证举报人的信息不被泄露。

举报电话：（010）88254396；（010）88258888

传　　真：（010）88254397

E-mail：　dbqq@phei.com.cn

通信地址：北京市万寿路 173 信箱

　　　　　电子工业出版社总编办公室

邮　　编：100036